U0160039

少年读典籍

呀！海错图

聂 璜 原著　文小通 编著

文化发展出版社
Cultural Development Press
·北京·

目 录

江畔少年　4

痴迷螃蟹　6

考察海洋生物　8

《海错图》　10

鳞部

蟳虎　12

夹甲鱼　13

石首鱼　14

铜盆鱼　15

海鲥鱼　16

四鳃鲈　17

飞鱼　鹅毛鱼　18

顶甲鱼　20

印鱼　21

箬叶鱼　22

跳鱼　23

钱串鱼　24

海鳜鱼　25

带鱼　26

锦虹　28

珠皮鲨　32

河豚　33

海马　七里香　34

海鳝　36

龙门撞　37

鲈鳗　38

鳄鱼　40

海狗　42

蛇鱼　43

崔鱼　44

红鱼　46

人鱼　47

锯鲨　48

花鲨　50

双髻鲨　52

兽部

井鱼　54

海鳛　55

跨鲨　56

海豹　58

腽肭脐　60

海獭　61

虫部

章巨　寿星章　鬼头章　62

柔鱼　64

墨鱼　66

海粉虫　68

泥翅 70

石乳 墨鱼子 71

海蚕 海蜈蚣 72

天虾 73

羽部

海凫 90

海鹅 91

介部

毛蟹 74

蟛蜞 75

蟛蟹 拨棹 狮球蟹 76

海夫人 78

海和尚 80

西施舌 81

撮嘴 82

海荔枝 83

玳瑁 84

鹰嘴龟 86

龟脚 87

鲨腹 88

鼍 89

化生

海市蜃楼 92

雀化鱼蛤 94

鹿鱼化鹿 96

潜牛 97

鱼虎 98

虎鲨 99

鲨蟹等负火 100

传说

神龙 盐龙 102

龙鱼 104

蟳虎鱼 105

蛟 106

消失的聂璜 108

永恒的"海错" 110

江畔少年

　　明末清初的时候，在浙江杭州的钱塘江畔，生活着一个少年，名叫聂璜。他幼时生活在福建，后来到了浙江钱塘。在浙江，钱塘江是最大的一条河流，也是许多生物的"快乐老家"。在钱塘江畔，聂璜看到很多之前从未见过的形状各异的水生物种，这让他很感兴趣。他经常流连忘返，专注地观察它们，久而久之，他认识了很多"水中的朋友"。

聂璜十分好学，小小年纪就翻阅了很多书。不仅如此，他还有一颗强烈的好奇心，总想探究一些事物背后的故事。通过博览群书，聂璜知道，这个世界上有着数不尽的生物，在距离自己遥远的大海里，有更稀奇古怪的生物。聂璜对此心驰神往，暗暗希望有一天自己也能和大海里的生物交上"朋友"。

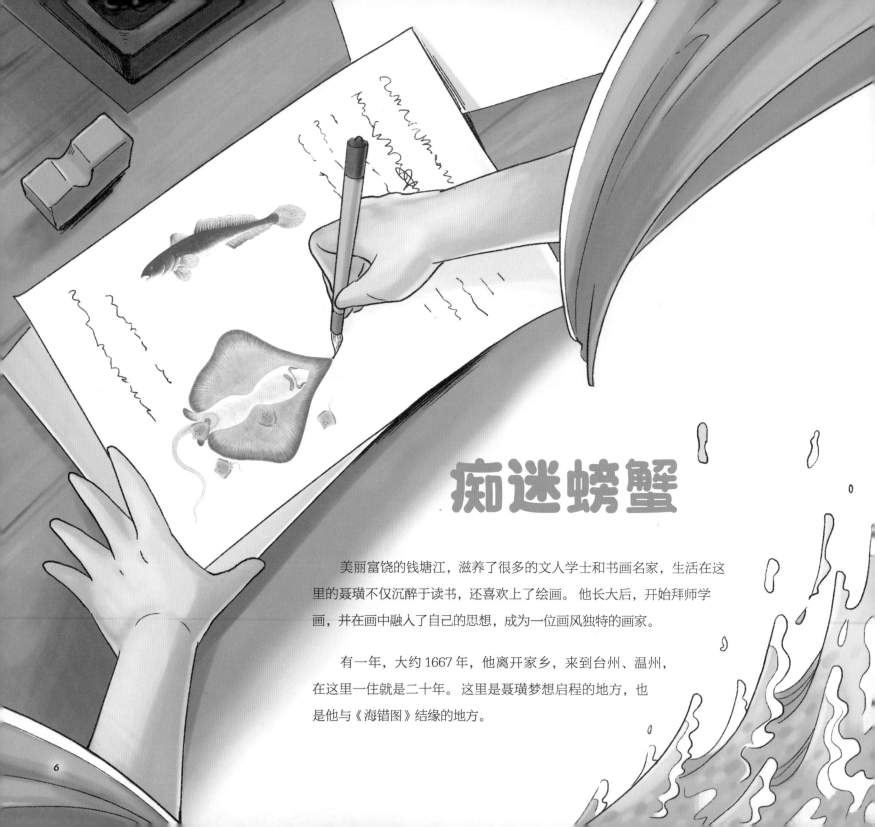

痴迷螃蟹

美丽富饶的钱塘江，滋养了很多的文人学士和书画名家，生活在这里的聂璜不仅沉醉于读书，还喜欢上了绘画。他长大后，开始拜师学画，并在画中融入了自己的思想，成为一位画风独特的画家。

有一年，大约 1667 年，他离开家乡，来到台州、温州，在这里一住就是二十年。这里是聂璜梦想启程的地方，也是他与《海错图》结缘的地方。

临近海边的温州和台州地区，有许多不同种类的螃蟹，这些螃蟹形态各异，长相奇特，超出了聂璜的想象。聂璜从未见过这些螃蟹，更叫不上它们的名字，这让他感到新奇。他决定探究这些螃蟹的特性，写一本关于螃蟹的书，让所有对螃蟹感兴趣的人，都能看到。于是，他向当地人请教关于螃蟹的问题，并画下螃蟹的图形，就这样完成了《蟹谱三十种》。

考察海洋生物

　　辽阔的海洋滋养着聂璜，种类繁多的海洋生物，有着奇特的外貌和习性，震撼着他的心灵。然而，在聂璜生活的时代，生活在内陆的很多人都不知道世界上存在繁多的奇异的海洋生物，以致很多人都认为聂璜讲述的生物是虚构的，并且从古到今，都没有一本关于海洋生物的图谱，于是，聂璜决定自己画一本，让更多的人认识这些奇特的海洋生命。

聂璜继续考察，天津、河北、福建等许多地方，都留下了他的足迹。他常年流连海边，一边考察，一边向当地渔民请教。每次看到或听说一种生物，他就把它们画下来，然后翻阅书籍进行考证。最终，他结合之前完成的《蟹谱三十种》，编绘出了一本《海错图》。

"海错"的"错"字，意思是交错繁杂、种类繁多。汉朝时，古人便用"海错"来指代各种海生物。

9

《海错图》

在《海错图》中，聂璜一共画了 300 多种生物，他每画完一种生物，都要配上一段文字，有的是他实地考察的记录，有的是关于文献的考证，还有生物的产地、习性、外形，以及如何食用等。 最后，他还要给每一种生物写一首朗朗上口的"小赞"，类似小总结。 有的时候，他还会抒发自己内心的感想。

《海错图》中，有真实存在的生物，有道听途说的生物，有神话传说中的生物，聂璜的记载也真假混杂。不过，图谱颜色艳丽，是细致的工笔画，但又有些变形，有些卡通，有些像漫画，可又显得一本正经。无论是海洋中真实存在的生物，还是想象中的生物，如凶猛食人的海蜘蛛、头生双角的潜牛、鳖身人首的海和尚……都画得别具一格，令人过目难忘，一问世就吸引了很多人。《海错图》中记载的动物囊括了无脊椎动物、脊椎动物的大部分类群，还记载了一些海滨植物，已经具有现代博物学的风格。

蟳虎

"蟳（xún）"一般是指梭子蟹科的螃蟹。但蟳虎既不是蟳，也不是虎，而是鱼。传说它捉蟳时凶猛如虎，所以被称为蟳虎。聂璜写了一个蟳虎捕蟳的故事：蟳虎发现石缝里有梭子蟹，就用尾鳍去抽打。蟹伸出大螯（áo）夹住蟳虎的尾鳍。蟳虎甩尾，螯被扯下来。蟳虎用甩尾巴的办法，又扯下蟹的另一只螯，然后，从蟹的伤口处把肉吸出来吃了。蟳虎的尾鳍虽然破损，但不久就会长好，并不怕蟹夹破了尾巴。据考证，蟳虎就是中华乌塘鳢（lǐ）。中华乌塘鳢的尾鳍上有黑斑，像眼睛一样，可伪装成头部。天敌会把假眼误认为是鱼头，从而发起攻击，蟳虎趁机逃走。

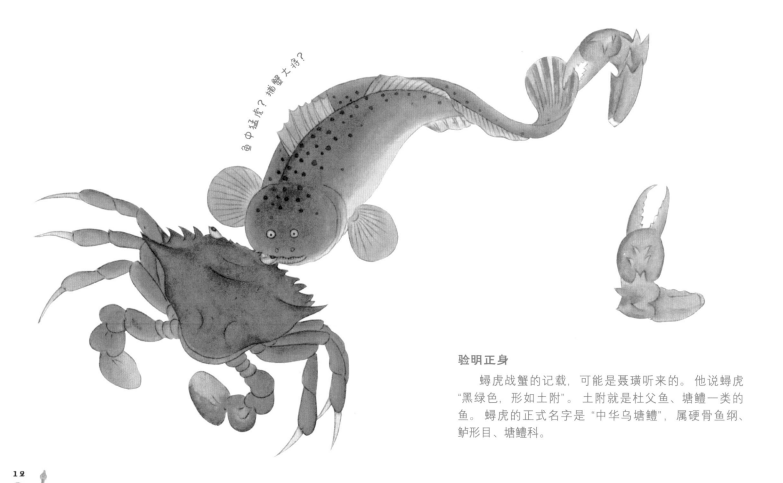

鱼中猛虎？捕蟹大将？

验明正身

蟳虎战蟹的记载，可能是聂璜听来的。他说蟳虎"黑绿色，形如土附"。土附就是杜父鱼、塘鳢一类的鱼。蟳虎的正式名字是"中华乌塘鳢"，属硬骨鱼纲、鲈形目、塘鳢科。

夹甲鱼

夹甲鱼的身体就像藏在龟壳里，壳上的花纹也和龟壳的花纹一样，个头儿只有拳头大小，长相别有"个性"。聂璜在画它时，从四个角度下笔，分别画了"前面""腹面""背面""侧面"，以表现它的奇形怪状。夹甲鱼可能就是箱鲀，身体好像箱子。箱鲀的鳞片特别坚硬，它是怎么游泳的呢？是这样的：箱鲀的鳍的根部没有硬化，鳍从"箱子"里伸出来，可以慢慢划水，拖动木头一样的身体在礁石间缓缓觅食。箱鲀受惊吓时会释放毒素，让天敌的鳃很难受，放弃捕食。如果把箱鲀放在小鱼缸里，箱鲀释放毒素，能把自己毒死。

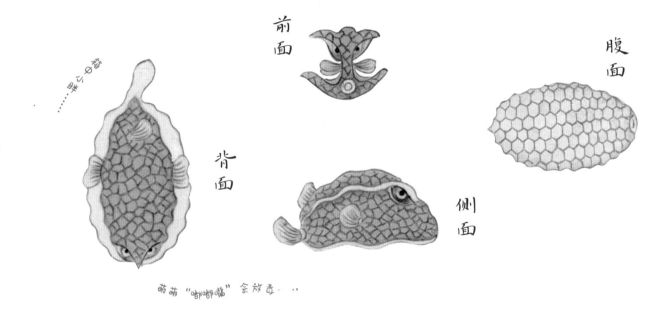

前面

腹面

背面

侧面

萌萌"嘟嘟嘴"会放毒……

验明正身

夹甲鱼可能是硬骨鱼纲、鲀形目、箱鲀科的箱鲀。箱鲀鳞片硬化，像龟的甲片一样拼在一起，躯体则成了箱子一样的方块。

石首鱼

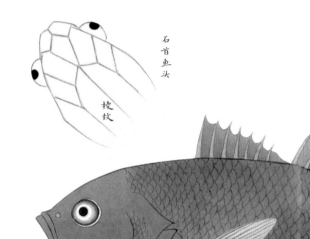

石首鱼头

梭纹

有一天，聂璜发现，有种鱼因为脑袋里有两块小石头，被称为"石首鱼"。鱼头里的石头叫矢（shǐ）耳石，可保持身体平衡。明朝人捕鱼时，会敲击木板，发出的声音与鱼头内的矢耳石产生共振，把鱼群震晕，以此捕捞，名为敲罟（gǔ）。春天来临，春雨频仍，桃花盛开，江河涨水，海洋中也骚动起来，石首鱼成群结队涌向近岸，用鱼鳔发出"咯咯咯"的声音以求偶，在靠岸处产卵。聂璜认为，石首鱼在近岸产卵，是为了让卵附在海岩上，不被海浪冲跑。其实，这是因为近岸处有淡水注入，浮游生物充足，能让鱼宝宝吃得饱。

头中二石

验明正身

石首鱼的真实身份，是硬骨鱼纲、鲈形目、石首鱼科里最大的大黄鱼，也就是黄花鱼。它们近岸产卵，所以有"黄花鱼——溜边儿"的歇后语。

吴王和石首鱼的故事

相传春秋时期，东夷侵犯吴国，吴王阖闾（hé lǘ）逃到海岛上。断粮时，突然来了一群金黄色的鱼，吴军得救。吴军班师时，鱼还没有吃完。阖闾回来后问那些鱼还在吗？侍从说晒成了鱼干。阖闾吃后，感觉味美，于是写下一字，上为美，下为鱼。此字后来演化成了"鲞"（xiǎng），就是鱼干的意思。

铜盆鱼

　　铜盆鱼是一种俗称，像红铜一样浑身红黄色，长圆形的身体胖乎乎的，从南到北的海里都有，喜欢成群游动。当它们聚成大群时，聂璜描述说"海为之赤"，大海都变成红色的了。铜盆鱼很可能是真鲷。每年春天，真鲷会从韩国济州岛海域游到中国产卵，而海岸对面的日本，正值樱花盛开，人们忙着打捞真鲷，称之为"樱鲷"。真鲷产卵后，变得枯瘦，成为"麦秆鲷"，等到秋天，真鲷为了过冬而大吃时，又变得肥胖，叫"红叶鲷"。真鲷嘴里有一种寄生物，名叫多瘤破裂鱼虫。它是缩头鱼虱的亲戚，住在鱼嘴里，让真鲷吞咽困难，时间一长，就会口腔变形，导致营养不良。

谁说我长得像铜盆？我多俊啊！

验明正身

　　铜盆鱼很可能是真鲷，今天在很多沿海地区，仍有人叫真鲷为铜盆鱼。真鲷是硬骨鱼纲、鲈形目、鲷科的鱼类，生活在近海暖水底层，和底栖动物为邻。

海鲦鱼

聂璜记录过一种神奇的鱼，是鱼和蛇产下的后代，身上有刺，刺尖锐锋利，有剧毒。这种鱼在海水里生活，叫海鲦鱼，身上有黄色斑点，还有一种生活在淡水里，身上有黑色斑点。据考证，海鲦鱼可能是石斑鱼。石斑鱼长相肥壮，嘴巴很大，有大有小，最大的能长1米以上；性情凶猛，不仅捕食鱼虾，还捕食比自己小的石斑鱼。石斑鱼身上有斑点或纹路，体色能随着周围环境而改变，以掩护自己，不被天敌发现。聂璜说鱼身有刺，其实，那不是刺，而是栉鳞。石斑鱼本来没有毒，但因为吃的珊瑚礁附近的底栖微藻有毒，因此，体内积累下了有毒物质。

验明正身

神奇的海鲦鱼可能是硬骨鱼纲、鲈形目、鮨科的石斑鱼。

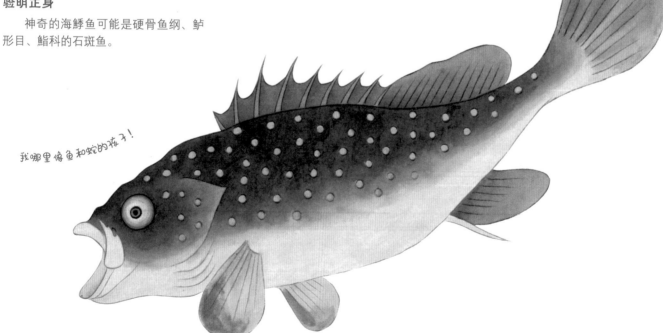

我哪里像鱼和蛇的孩子！

四鳃鲈

聂璜在松江居住时，见过四鳃鲈，这种鱼只有一条脊骨，没有鱼刺。它头部圆润，不长鳞片，背上的白色斑点一直长到了尾巴上。实际上，四鳃鲈只有两个鳃，另外两个是鳃盖上的褶皱，不是真鳃。聂璜看到四鳃鲈喜欢干净的海水，总爱躲在石缝里，清晨还会舔食石头上的白霜，但很奇怪的是，这种鱼在农历九月开始出现，到农历一二月就消失了。其实，这是因为这种鱼有洄游的习性，每年农历九月前后，游向大海，让人感觉它们凭空出现；农历一二月，大鱼终结不到一年的寿命，又给人突然消失的感觉。

验明正身

四鳃鲈是今天硬骨鱼纲、鲉形目、杜父鱼科的松江鲈，严格来说它不是鲈鱼，而是杜父鱼。

憨厚的长相……

张翰与鲈鱼的故事

西晋文学家张翰出任大司马东曹掾（yuàn）时，有一年秋天，思念家乡的菰菜、莼羹、鲈鱼脍（鲈鱼生鱼片），便辞了官，回家去了。这就是鲈鱼堪脍的典故。

飞鱼 鹅毛鱼

古书中记载了一种长着翅膀能飞的鱼，叫文鳐（yáo）鱼，也叫飞鱼。聂璜在福建见到了长着红色"翅膀"的鱼，胸鳍末端和尾巴齐平，长着鳞片，还有刺。

验明正身

此鱼可能是辐鳍鱼纲、鲉形目、豹鲂鮄（fáng fú）科的鱼，但此科鱼不会飞；也可能是辐鳍鱼纲、鲉形目、鲉科的蓑鲉，但蓑鲉摇摇摆摆，更不会飞。

到底知不知道我是谁？

聂璜画的飞鱼并不是文鳐鱼，不过，他画的另一种鹅毛鱼，却是文鳐鱼。有渔民告诉聂璜，东海有鹅毛鱼，体形狭长，有细密的鳞片，背为蓝绿色，腹为白色，长着一对"翅膀"，尾巴分叉，和"翅膀"差不多，会飞。其实，鹅毛鱼是利用游泳的惯性，收紧胸鳍，让身体向上"射"出去，然后打开胸鳍和腹鳍，向前滑翔，看起来好像在飞。聂璜在翻阅古籍时，还读到这样一个趣事：渔民捕鱼时，不用渔网，而是把白色反光的牡蛎粉涂在独木船上，天黑后，把船停在岸边，在竹竿上挂一盏灯，鹅毛鱼就纷纷飞进了船里。如果鱼太多了，要赶紧熄灯，以免沉船。鹅毛鱼为什么会自投罗网呢？这是因为它们有趋光性，到了晚上会寻光而来。鹅毛鱼之所以"飞"起来，很可能是遭受了金枪鱼、剑鱼、鲨鱼等凶猛鱼类的追击，它们紧急"飞"起来躲避。

飞在海中的"鹅毛"。

我要飞得更高，飞得更高！

福建海域有一种顶甲鱼，头上有一块骨头，这骨头有吸盘的作用，能吸住石头，两三个人都不能把石头拽下来。有人告诉聂璜，顶甲鱼平时生活在海底的泥里，用吸盘吸住石头，所以，很难捕捞，不容易见到。实际上，顶甲鱼不栖息在泥里，大多数时间都吸在鲨鱼、海龟的肚子上或背上。鲨鱼和海龟没法吃掉顶甲鱼，只能让顶甲鱼搭便车。

验明正身

　　顶甲鱼应该就是鲫鱼，为硬骨鱼纲、鲈形目、鲫科鱼类。聂璜对它的描述非常精准，但画错了一个地方：他在吸盘后面画了两个背鳍，其实只有一个。

印鱼

  聂璜还画过印鱼，头上长着一块印章似的印，为艳丽的红色。有人在台湾见过，聂璜根据此人的叙述画了出来。很多人都不信，有个人不屑地嘲笑："海中之鱼，怎么可能生有印章？"聂璜对此人更不屑，认为此人浅薄，答复说，古代字书中有"鲗"字，证明世上一定有身上长印的鱼。聂璜对此深信不疑，把它画得浑身绿色、上有斑点，十分美丽，也十分奇怪。现实中找不到对应的物种。聂璜的逻辑显然不够严谨。古人造出一个字来，并不一定只对应一个物种，有时候是一个物种有好几个名字，有时候好几个物种共用一个名字。

我是《海错图》中最美丽的鱼之一。

21

聂璜在看古书时，注意到箬（ruò）叶鱼，每条鱼只有一只眼睛，两条鱼合在一起才能向前游动。聂璜非常好奇，来到海边考察这种鱼。箬叶鱼身体扁平，好像包粽子用的箬竹叶子，所以得名，中国古代把这种鱼称为比目鱼。由于看起来又像鞋底，也叫鞋底鱼。聂璜发现，箬叶鱼并不是"独眼鱼"，而是两只眼睛都长在一侧；它其实是个"独行侠"，总是独自在浅水里贴着沙底游泳，所以也叫"搭沙"。幼年时，这种鱼的眼睛长在头部两侧，很对称；长大后，两眼间的软骨被身体吸收，一侧的眼睛就移到对面一侧了。

我不觉得两只眼睛长在一侧很奇异啊。

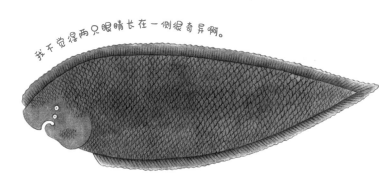

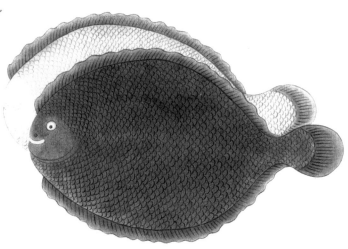

越王和比目鱼的故事

传说，有一次越王勾践吃鱼，只吃了一面，把剩下的另一面扔到水里。这一面鱼竟然复活了，于是人们把它叫"王余"。

还有一个传说。有一种鱼叫王鲦（yú），当大水冲破堤岸时，它们不想离开。这时，它们看见自己的影子，发现自己还有另一半，便双双并排游走了。

验明正身

箬叶鱼身子窄，嘴噘起，仿佛在说"嗯"，是硬骨鱼纲、鳎亚目的舌鳎（tǎ）；比目鱼身子宽，嘴下撇，仿佛在说"喊"，是硬骨鱼纲、鲽亚目的鲽或鲆（píng）。它们都属于比目鱼。

跳鱼

在福建和浙江时，聂璜发现，每当潮水退去后，就有一群长着青蛙眼睛和蓝色斑点的小鱼游出水面，来到滩涂上跳来跳去，被称为跳鱼。跳鱼长相奇特，背鳍就像插着的旗帜，腹鳍就像船桨一样。跳鱼其实就是弹涂鱼。弹涂鱼登陆滩涂，是因为极需氧气，每当潮退时，就游出水面呼吸。有的种类只要保持身体湿润，能一直待在岸上。弹涂鱼的腹鳍能合成一个吸盘，能用来爬树；胸鳍长出两条小"胳膊"，能在地上爬行。退潮后，弹涂鱼会在滩涂上给自己挖一个"家"，遇到危险时就钻到洞里躲藏。渔民因此发明了抓捕秘术。他们把竹筒插到滩涂上，然后用长竿驱赶弹涂鱼，弹涂鱼就跳进了竹筒里。渔民拔出竹筒，就抓到了弹涂鱼。

弹跳"小飞侠"！

每天都能成功登陆……

验明正身

　　跳鱼就是弹涂鱼，属硬骨鱼纲、鲈形目、虾虎鱼科，因为总在滩涂上弹跳，也叫跳跳鱼。

钱串鱼

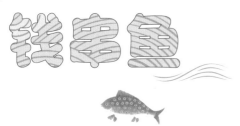

福建有一种钱串鱼，淡青色的身体上，长着铜钱一样的金黄圈圈，圈圈里有小黑点，所以叫钱串鱼。不过，这样一条浑身布满"金钱"的鱼，却饱受"冷落"。聂璜查阅了很多书籍，除了《福州志》有记载之外，其他书都没有记载它。聂璜自己可能也没有见过钱串鱼，因为他说钱串鱼的黄色圈纹里有黑点，但他画的图中，却没有黑点。鱼的外形也很简单，没有突出特点，可能他只是听人说过。

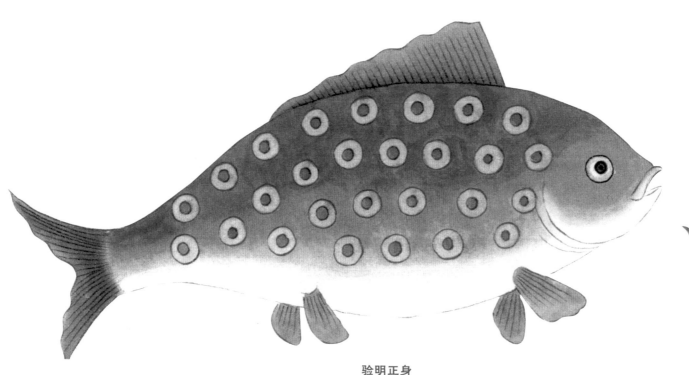

验明正身

钱串鱼到底是什么鱼？至今还是一个谜。现实中和它长相差不多的鱼，有几种石斑鱼。但这些石斑鱼的斑点有的是蓝点，有的是黄色，身体也不是淡青色。而身体是淡青色的石斑鱼，又没有斑点。有一种金钱鱼，也叫金鼓，浑身金色，身上有大大小小的黑点，也有些像钱串鱼。

海鳜鱼

聂璜描述过一种奇形怪状的海鳜（guì）鱼，咧着嘴，瞪着眼睛，身上有斑痕，头上有刺，看起来桀骜不驯，雄姿了得，很不好惹的样子。聂璜向世人介绍海鳜鱼时，说它只有肚子部位是可以嚼动的，取出它的胆，晾在北边的屋檐下，将晒干的鱼骨放入温酒，喝下后可以化痰。聂璜没说鱼肉能不能吃，那么，这种奇特的鱼到底是"何方神圣"呢？一些人认为，海鳜鱼可能是桂鱼。桂鱼喜欢栖息在水草茂盛的干净水域，白天很少出洞，大多潜伏在水流缓静的水底，夜里再出来觅食。桂鱼是肉食性鱼类，嘴巴比较突出，下颌也很突出，后背隆起来，看起来"凶相毕露"，总是袭击其他鱼类。冬天，桂鱼游到深水过冬，等到春天归来，气候转暖后，又游到沿岸浅水觅食。

水中刺儿头？

不得不说，这容颜就长得很厉害！

验明正身

很多人认为，海鳜鱼可能是桂鱼，也叫花鲫鱼，为硬骨鱼纲、鲈形目、鮨科的鱼类。不过，也有很多人不赞成这种说法。

带鱼

带鱼的模样有点儿像海鳗，又薄又扁，在海里游动就像丝带在飘荡，银光灿然。渔民刚打捞上来的带鱼光滑洁净，就像镀了一层银，甚至可以映照人影。清朝人喜欢把它们悬挂起来售卖，人们走过来挑选带鱼，好像进入了武库，眼前刀剑森严、精光闪烁。带鱼游泳时，不像海蛇那样扭动游泳，而是直挺挺的，依靠背鳍的波状摆动前进；静止时，头向上，尾向下，身体垂直在水中，如刀似剑，非常奇异。

我这帅气的长相多帅呀！你们惊讶到了吧？

验明正身

带鱼属硬骨鱼纲、鲈形目、带鱼科。带鱼的鳞片已经退化，背鳍很长，胸鳍很小，臀鳍退化，像短刺一样。带鱼是一种洄游性鱼类，每天都在"迁徙"，也就是昼夜垂直移动。白天，它们一起活动在海水中下层；晚上，它们又一起上升到表层。

聂璜记录了渔民捕猎带鱼的方法：在一根竹竿上系上长约 30 米的绳子，上面挂几百个钓钩，将绳子抛入水中，将竹竿固定在岩石缝中，如果绳子有被拖拽的痕迹，立即收绳，能钓起许多带鱼。 聂璜还听人说过一个壮观的场面：上千条带鱼组成鱼群，头尾相连，后一条带鱼衔住前一条带鱼的尾巴，当一条带鱼被钓住，在水里挣扎时，其他带鱼就游过来衔住它的尾巴，想要救他。 不断有带鱼过来，衔住前一条的尾巴，最终都被钓了上来。 其实这只是一个传说，带鱼是非常凶猛的鱼类，也很贪吃，甚至吃同伴；当一条带鱼被钓住时，其他带鱼会蜂拥而来，啃咬分食它，并不会救助。 带鱼能长到 1 米左右，性格凶猛，总是袭击毛虾、乌贼。它们没有鳞片，它们身上那银色的"外衣"其实是一层薄膜。一条带鱼能活 8 年左右。

海中银带，灿然如刀，游弋如米。

锦魟

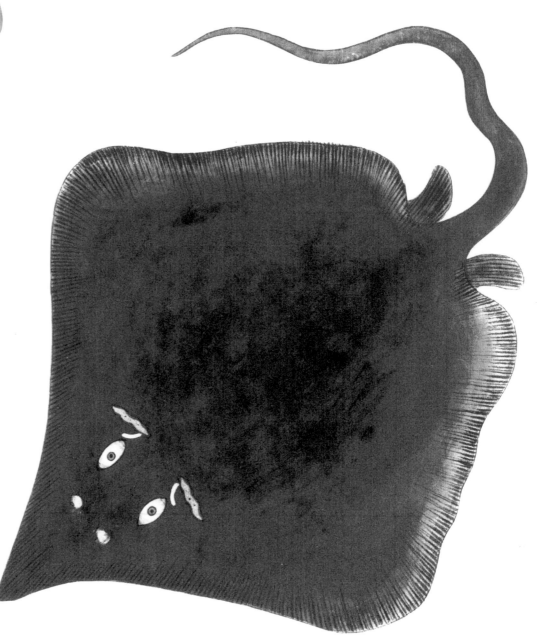

聂璜听渔民说，网捕魟（hóng）鱼时，游在最前面的魟鱼碰到渔网后会紧急后退，然后和其他魟鱼一起飞跃，逃出渔网。魟鱼的眼睛长在背上，嘴巴长在肚子上，背上皮肤粗糙，拖着长鞭一样的尾巴，圆圆的身子很像鳖（biē）。

验明正身

魟鱼是一种软骨鱼，是鲨鱼的近亲，和鲨鱼有共同的祖先——三叠纪的弓齿科鱼类。

魟鱼的体形很大，聂璜发现，魟鱼的皮有沙子、珠子一样的颗粒，还很坚硬，许多人不认识它，误以为它是鲨鱼。魟鱼的胸鳍好像翅膀一样，"翅膀"波浪状摆动就能游动，宛如蝴蝶在水中飞翔，奇异美丽。今天，人们还叫魟鱼为魔鬼鱼，它们能藏身在海底沙地中，等鱼或贝类经过时进行捕猎。

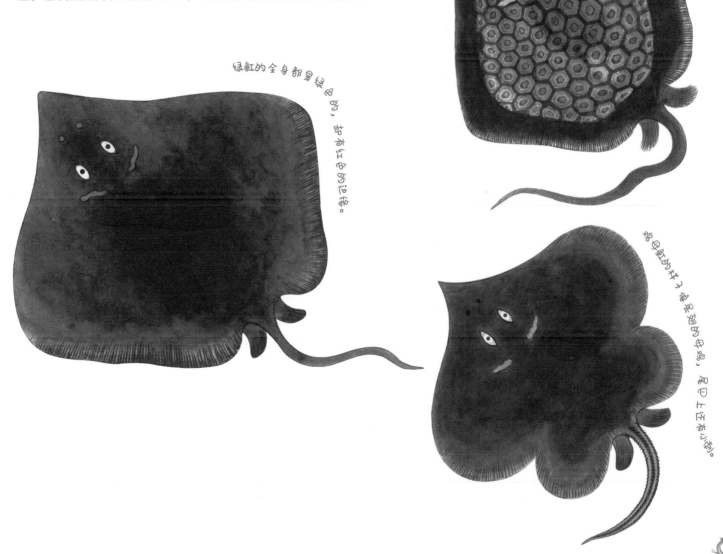

锦魟的背上有黄色的斑点，看起来就像斑斓的绵缎。

绿魟的全身都是绿色的，却有红色的边缘。

乌虹的针刺都是绿色的，尾巴上还有小刺。

魟鱼在侏罗纪时就出现了，与恐龙同时代。它会在身体里把卵孵化成幼鱼，之后再产出，古人以为它是胎生的，其实是卵生。魟鱼眼睛的旁边有一个小孔，就像一个单向阀，可以让它们从小孔吸入海水，再从身体下方的鳃排出去，既能滤海水，又能避免自己潜伏在海沙中时吸入过多的沙砾。

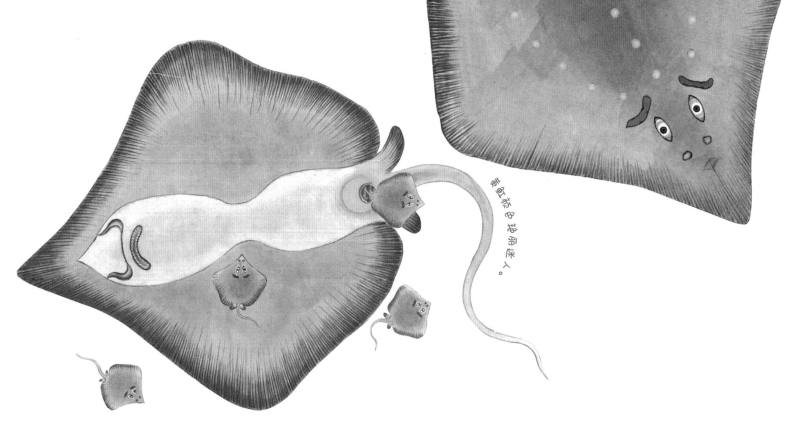

尾巴有毒刺（背面）。

海沙的颜色把魟鱼伪装了起来。

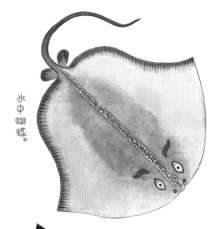

水中蝴蝶。

魟鱼种类繁多，聂璜画了好几种。 有的魟鱼只有巴掌大，有的魟鱼却重达近百斤，但它们的整体轮廓都相似。 常见的魟鱼有尖嘴魟、赤魟、燕魟等。 魟鱼性情温和，牙齿好像平板铺石，不像鲨鱼的三角形牙那么尖利。 它们喜欢生活在浅海，身体上的花纹能让它们与栖息地混为一色，使自己很好地隐蔽起来。 它们的眼睛长在背上，双眼距离很近，有利于观测上方的动静。

燕魟长得像燕子，身上有小斑点。

珠皮鲨

　　古人常把魟鱼当成鲨鱼，聂璜觉得不对，因为鲨鱼的体形是瘦长的，有尾鳍；魟鱼是菱形的大扁片，没有尾鳍，有一根鞭子一样的尾巴，尾巴上有毒针，所以，它们是两类鱼。魟鱼的尾鞭上有1~3根毒刺，每年会更新三四次，能分泌毒汁以自卫。不过，古人仍把魟鱼和鲨鱼当成一回事儿。聂璜在《海错图》里写道，很多人把珠皮鲨误认为是魟鱼，把魟鱼皮误认为鲨鱼皮。为了纠正人们的错误，他特意还画了一条后背上长满珠状颗粒的魟鱼，其实，真正的魟后背的颗粒没有他画的这么大，但这条鱼真的非常漂亮华贵。

后面这家伙的鱼鳞像一颗颗珍珠，互相挤在一起，但谁也不压着谁。

嗯，这鳞好看，不易脱落，很细腻，又有摩擦感，难怪古人用珠皮做刀柄。

河豚

河豚嘴里有两颗大板牙，聂璜在给河豚画"肖像"时，把这可爱的大板牙也画了上去。他说河豚味道甘美，但含有剧毒，是怒气积聚在眼睛和肝上导致的。其实，这是海洋中的毒细菌进入河豚体内，才使河豚有毒的。为了吃河豚，古人想出很多解毒方法，如喝槐花末、橄榄汤等，最奇的是喝粪清。聂璜从书中得知，河豚发怒时，身体会膨胀得像球一样，河豚落在渔网里后，会把自己气死。其实，河豚鼓起布满小刺的身体，不是因为生气，而是为了求生。当遇到危险时，它就吞下大量的水或空气，让身体膨胀，装出吓人的样子吓唬天敌，或使天敌无从下口。

苏东坡和河豚的故事

相传苏东坡在江苏常州时，在一位士大夫家吃河豚。他一言不发，把河豚都吃了，然后放下筷子说："今天吃了这么多河豚，死也值了。"这就是苏东坡拼死吃河豚的故事。

验明正身

河豚是硬骨鱼纲、鲀形目的鲀科生物，平时生活在海洋，产卵时进入江河。因体形圆润如小猪，获称"河豚"。"豚"是猪的意思。

看见我可爱的大板牙了吗？

故宫太和殿的垂脊上有可爱的走兽，其中一个是海马。海马像一匹骏马，还披着火焰。聂璜也画了一个海马，马身、鱼嘴、鱼鳍，腋窝下还呼呼冒火。浑身冒火，却生活在海里，火难道不会灭吗？聂璜不理这个问题，说海马游在海中，上半身露出火焰，行船的人经常能看到。

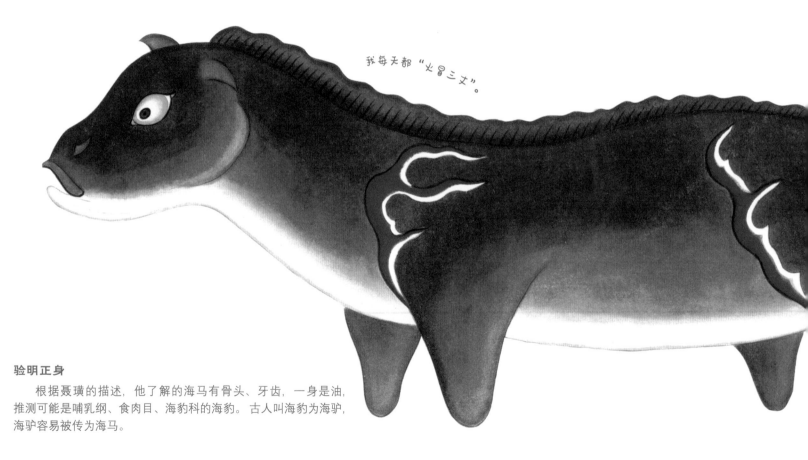

我每天都"火冒三丈"。

验明正身

根据聂璜的描述，他了解的海马有骨头、牙齿，一身是油，推测可能是哺乳纲、食肉目、海豹科的海豹。古人叫海豹为海驴，海驴容易被传为海马。

聂璜还画了几只"海虫"，这种海虫才是真正的海马。"海马"的名字听上去很威猛，好像一种能翻江倒海的海兽，其实却是身长 5~30 厘米的小可爱，一种小鱼。海马几乎放弃了游泳，每天把尾巴缠在海藻上，以随波逐流的小海虫为食。海龙比海马强一点，大部分时间都在慢悠悠地游泳觅食。雄性海马有腹囊，就是育儿袋，海马妈妈把卵子释放到育儿袋里，海马爸爸就给卵子授精，等小海马孵化出来，发育成形，才把它们放到海水里。海马是地球上唯一由雄性生育后代的动物。

　　聂璜还画了一条七里香，身体细细长长，身上有方棱，尾巴末端有一个扇形的小尾鳍，看起来既奇异又可爱。

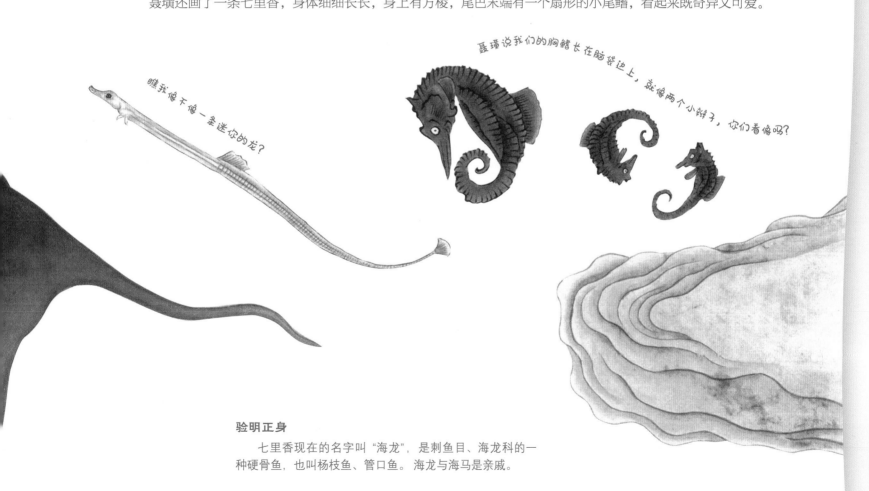

瞧我像不像一条迷你的龙？

聂璜说我们的胸鳍长在脑袋边上，就像两个小辫子，你们看像吗？

验明正身
　　七里香现在的名字叫"海龙"，是刺鱼目、海龙科的一种硬骨鱼，也叫杨枝鱼、管口鱼。海龙与海马是亲戚。

海鳝

"蛈翔做的鞭子"，红得美艳、诱人。

聂璜记载了一条非常古怪又可爱的鱼，全身赤红，身体像蛇，脑袋像仙鹤，长着细长的吻部，但嘴巴只是一个小开口……人们把它打捞上来后，觉得它古怪，想要扔掉，但扔掉太可惜，清朝时，就有渔民把这种鱼晒干，盘起来，悬挂着，看着玩……至于有什么好玩的，就只有当时的人知道了。聂璜把这种鱼称为海鳝。其实。它可能是鳞烟管鱼。秋天的上午是鳞烟管鱼最活跃的时候，在海边礁石上就能看到它们在追逐成群的小鱼。它们先是像幽灵一样不动声色，等靠近小鱼后，猛然张嘴，形成强大的吸力，小鱼就被吸进肚里了。鳞烟管鱼细尾巴上的小锯齿，还能割伤攻击它的对方。

验明正身

这种像鞭子一样的鱼来自硬骨鱼纲、刺鱼目、烟管鱼科，和海马是亲戚。烟管鱼长得像旱烟袋的烟管，游泳时也像烟管一样笔直，不像鳝鱼那样扭来扭去。中国有好几种烟管鱼，其中，鳞烟管鱼是红色。

龙门撞

　　"龙门撞"听起来是一个奇怪的名字，根据聂璜的记载，它不仅能生存于海洋，也能进入江河，还能到龙门跳跃。龙门是黄河绝险之地，两岸峭壁相对，就像一道门。传说是大禹治水时所凿，也叫禹门。当时，黄河中的鲤鱼被上游的河水冲出了禹门，跌到了十多丈深的瀑布下，远离了故乡。大禹便告诉鲤鱼，凡是能越过禹门的，都能化龙升天。于是，每逢春天，鲤鱼便逆流而上，奋勇跃龙门。这种鲤鱼就是鲔鱼，也可以称为鲟，也就是聂璜画的"龙门撞"。鲟鱼身体细长，飞跃时多少有些像龙，但它不是为了化成龙而跳跃，而是因为它是洄游鱼类，要找到一个合适的场所产卵，以繁衍后代。所以，鲟鱼才从大海游来，逆流而上，到水流湍急、布满砾石的江河中产卵。中华鲟就是这样的习性。

验明正身

　　鲟鱼属硬骨鱼纲、鲟形目鱼类，是鱼类中最原始的类群之一。

鳞部

鲈鳗

有一种鱼，长得很像海鳗，身上却长着鲈鱼一样的斑点，隐隐有一些鳞片，吃起来鲜嫩可口，堪与河豚媲美。海边的渔民经常吃它。这是一种什么鱼呢？聂璜看到这种鱼后，根据它身上的鲈斑猜测，它可能是鳗鱼生出来的后代，可以称作鲈鳗。

验明正身

　　根据聂璜的记载和绘图，推测鲈鳗可能是现在的国家二级保护动物花鳗鲡。花鳗鲡是硬骨鱼纲、鳗鲡目、鳗鲡科的鱼类，身体细长，头像一个圆锥子，鳞片细小，隐埋在皮下。

38

鲈鳗可能是花鳗鲡。 花鳗鲡是洄游鱼类的代表之一，生在河溪、湖塘等淡水中，"长大成人"后，在冬天时游到江河口附近，然后进入深海，在海中孕育后代，孵出的幼鱼慢慢向大陆游动，进入河口后逆流而上，返回淡水中发育成长。

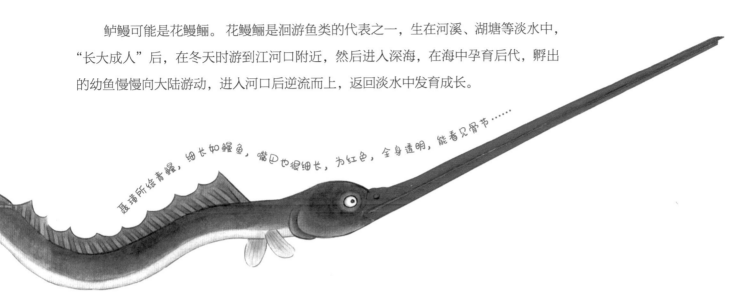

聂璜所绘青鳗，细长如鳗鱼，嘴巴也很细长，为红色，全身透明，能看见骨节……

花鳗鲡身体细长，像条绳子，但强壮有力，性情也极为凶猛。 白天，花鳗鲡隐伏在洞穴或石隙中，夜间悄无声息地游出来，捕食鱼、虾、蟹、蛙等动物。 它们还能出水，在湿草地或雨后竹林、灌木丛里捕猎。 鳗鲡目下的物种，都叫鳗鱼，外形像蛇，但没有鳞片，有洄游的习性。 它们在海中产卵后死去，小鱼流入河中长大，之后再返回海洋……周而复始，用生命谱写了一首悲壮的生命长歌。 刚出生的小鱼大约6厘米，差不多有一根手指长，身体薄薄的，如透明的叶子，体液几乎和海水一样，可以随着海水长距离地漂送。 鳗鱼长大后，身体会变成银色，性情极为凶猛，非常贪食，是昼伏夜出的"强大杀手"，甲壳类动物常成为鳗鱼的"盘中餐"。

聂璜所绘白鳗，通体红色，也叫红鳗，游弋在福建海域，形如鳗鱼，背上有翅鬐……

鳄鱼

聂璜翻阅古书时，看到一个故事。唐朝时，广东潮州有一条恶溪，溪中有鳄鱼。每当小鹿经过时，鳄鱼就大声吼叫，把小鹿吓得掉进水里，成为鳄鱼的食物。潮州刺史韩愈写下檄文，警告鳄鱼，如果继续作恶，就要用弓弩毒箭把它们杀光……书上还说，鳄鱼的尾巴上有胶，能粘住人和其他动物，并拖进水里；鳄鱼一次产 100 枚卵，孵化出不同的生物。还有人告诉聂璜，有一种身长 6 米多的鳄鱼，全身金黄，长满鳞甲，还有三条金线，身上有火焰。根据聂璜的记载推测，这种鳄鱼可能是马来鳄。

马来鳄是大型爬行动物，体长 4~5 米，有的能长更大，寿命为 60~80 年。它们的嘴巴和鼻子都很长，嘴里有 76~84 颗尖锐牙齿，身体是流线型的，尾巴肌肉发达，能自如地纵横水中。它们还生有腭瓣，能防止水进入喉咙。马来鳄分布在低地淡水沼泽森林、水淹森林、泥炭沼泽、湖泊、河流等处，不仅吃鱼，也吃食蟹猴、野猪、鸟、巨蜥、蛇、虾等，甚至还吞食石子、树叶。马来鳄会造巢产卵。它们的巢由叶子、树枝、碎木块等建成，很少用杂草，这和其他鳄鱼不同。巢高 0.6 米左右，直径 1.2~1.4 米，卵产于巢中，每窝有 15~60 枚。

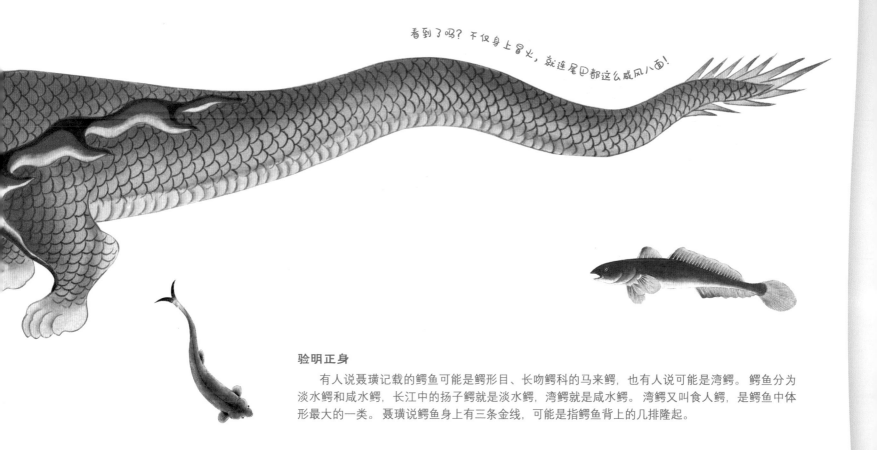

看到了吗？不仅身上冒火，就连尾巴都这么威风八面！

验明正身

有人说聂璜记载的鳄鱼可能是鳄形目、长吻鳄科的马来鳄，也有人说可能是湾鳄。鳄鱼分为淡水鳄和咸水鳄，长江中的扬子鳄就是淡水鳄，湾鳄就是咸水鳄。湾鳄又叫食人鳄，是鳄鱼中体形最大的一类。聂璜说鳄鱼身上有三条金线，可能是指鳄鱼背上的几排隆起。

海狍

在见到海狍（tún）之前，聂璜见书上记载海狍的外形就像猪，等到他亲眼见到海狍时，觉得海狍更像鱼，不像猪。渔民说，海狍不是外形像猪，而是内脏和猪一样。聂璜发现海狍的脑袋上长着小孔，能从小孔中喷出水柱，小孔似乎就是鳃。其实，这种海狍就是江豚。江豚头顶的小孔是鼻孔，喷水是在呼吸和换气。江豚爱在大风天现身，它们会在水中抬起头，迎风点头，好像祭拜一样。渔民看到江豚拜风，就知道大风要来了。大风发生前，气压较低，江豚便抬起头，增加呼吸的频率。

验明正身

聂璜见到的海狍嘴短，没有背鳍，是海狍的亲戚江豚，属哺乳纲、鲸目、鼠海豚科。

海狍与懒妇的故事

在古代渔民心中，海狍是由懒惰的妇人变来的。据说用海狍脂肪点燃的灯，如果放到玩乐的地方，灯就会很明亮；如果放在读书学习的地方，灯就变暗了。对渔民来说，海狍是不祥之兆。

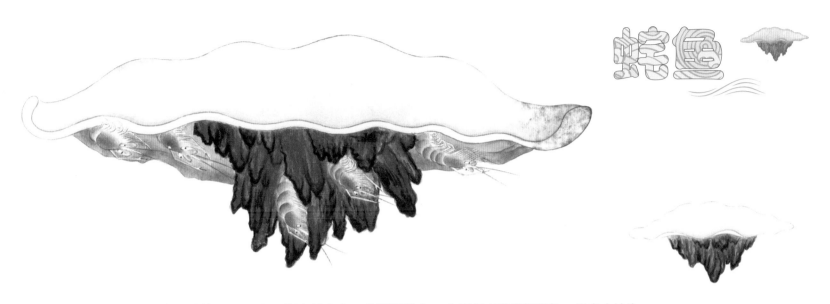

蚱鱼

大海里有一种蚱（zhà）鱼，浑身纯白色，像透明的伞。它看起来模模糊糊的，很多人认为它是由泡沫聚集而成的。聂璜却认为，它的身体里有肠胃血膜，它可能是一种动物。其实，这就是水母。古书上说，水母没有眼睛，身下常常聚集着虾，虾把水母的黏液当成食物，还给水母当眼睛。如果有人要捕捞水母，虾能帮水母迅速沉入水里。其实，水母不会游泳，只能随波逐流。一些虾、鱼是水母的"朋友"，每当遇到危险，它们就躲进水母的"保护伞"下，并提醒水母危险来临。聂璜有个朋友说，他看见一只水母被捉后，一半身子变成了海鸥。聂璜听了心想，蚕宝宝都能长出翅膀化成飞蛾，水母也可能长出翅膀变成海鸥。其实不是这样的。水母外表温顺无害，还能发出光亮，却性格凶残，触手有毒，是"隐秘杀手"，"水母变海鸥"的现象很可能是水母猎食了海鸥后的残余。

验明正身

蚱鱼就是水母，为无脊椎浮游生物。水母身体的95%以上都是水，令人以为它是由水沫凝成的。

窜鱼

窜是"鹤"的另一种写法，二者读音相同，窜鱼就是鹤鱼。鹤鱼是长着仙鹤嘴的鱼，骨头是绿色的。聂璜在福建的一个鱼市上一看到这种鱼，就被深深吸引住。回到家中，他马上画出了这种鱼。此鱼很容易被辨认出是颌针鱼。颌针鱼是飞鱼的亲戚，但没有飞鱼飞得好，确切地说，它是蹿，身体冲出水面后，尾鳍拍打水面，能在空中蹿一会儿。颌针鱼有趋光性，因此，夜里不要随意用手电筒照射海面，以免颌针鱼"飞"向光源，它会刺伤人。

这么细长的身体到底有多长呢？根据生物学家的考证，大概为20~45厘米。

颌针鱼的身体又细又长，像一个微扁的小圆柱。它们的脑袋很大，是扁扁的，后背宽平，肚子狭窄，身躯"苗条"，嘴巴也很大，下颌向前延伸，像一根伸出来的针。它们也有鳞片，只不过非常薄，容易脱落。颌针鱼一般生活在江河、湖泊中，它们不喜欢"孤独"，经常"组团"出入，在水面觅食。颌针鱼"呼朋唤友"聚集在一起出行时，阵势庞大，十分壮观。颌针鱼是上层鱼，喜欢贴着水面游动，然后俯冲进小鱼群中，模样很凶残。不过，因为在水面活动，也容易被海雕、剪嘴鸥等海鸟捕食。一些颌针鱼在捕猎时，会先偷偷接近小鱼等猎物，然后跳出水面，再撞向猎物，进入水中。如果它们没有跳跃就攻击小鱼，那么，攻击范围约有 50 厘米；如果在跳跃的助力下发起攻击，那么攻击范围会延伸到 2 米左右。在躲避海豚等捕食者时，一些颌针鱼也会跳跃。

仙鹤入海了？

验明正身

颌针鱼属硬骨鱼纲、颌针鱼目，聂璜把颌针鱼的尾鳍画成深叉状，腰身还很粗壮，背鳍和臀鳍的起始位置两两相对，应该是圆颌针鱼。圆颌针鱼含有胆绿素，鱼皮和骨头都是绿色的。

红鱼

红鱼实在太美了！福建的渔民捞到一条颜色为绯红色的鱼，脑袋顶微微见方，翅尾都是翠色，胸鳍和尾鳍是蓝绿色，翅上还有深绿圈纹，真真俊丽可爱！渔民告诉聂璜后，聂璜也感觉奇异，根据渔民的描述画了下来。据考证，"红鱼"可能就是绿鳍鱼。绿鳍鱼有"翅膀"，但不会飞。绿鳍鱼为典型的底栖鱼，很少离开海底。它那宽大的胸鳍能帮助它贴着海底游动。绿鳍鱼虽然是鱼，但却喜欢爬行，就像甲虫那样爬来爬去。它的胸鳍最前面的几根鳍条支出来，一边三根，就像腿一样。

验明正身

红鱼与绿鳍鱼比较像，但尾鳍的颜色不符。如果是渔民描述时有了误差，那么此鱼可能就是硬骨鱼纲、鲉形目、鲂鮄科的绿鳍鱼。

人鱼

聂璜曾经听一位朋友说，有一种鱼长得很像人，长着手和脚；鱼背上有红色的鳍翅，还有一条短尾。据说有人抓到人鱼后，养在池中，发现人鱼会穿衣、吃饭，还能笑，但不能说话。聂璜不大相信。但当他发现很多书中都记载了人鱼后，便把它写入了《海错图》。他在考证人鱼时，发现人鱼总是在海上有暴风雨来临的时候出现。

验明正身

人鱼是传说中的生物，现实中没有严格对应的原型。不过，有一种海兽长得很像人，这就是儒艮（gèn），是海牛目、儒艮科的一种海洋草食性哺乳动物。儒艮两个短短的鳍肢像人的胳膊，要定期浮出水面呼吸，有时头上顶着海草，被误认为"美人鱼"。

人鱼的故事

唐代诗人李颀（qí）写的《鲛人歌》中，描绘了一个日夜纺织绡绡（xiāo）的鲛人。一天，鲛人来到陆地，出售绡绡，借住在一户人家中。回到大海前，鲛人恋恋不舍地流下眼泪，眼泪变成颗颗珍珠。鲛人把珍珠送给这家人，表达感激之情。

锯鲨

聂璜在绘制海洋生物时，没法把一些较大的鱼弄到家里"写真"，只能在海滩或市场观察后，回家凭记忆描画，这使得一些图会与真实生物有出入。有一天，他画了一条锯鲨，除了锯子一样的长吻之外，其他部位画得都有些失真。

嘴上长了个锯条，确实很拉风。

验明正身

长着锯齿嘴巴的鱼真的是锯鲨吗？其实，锯鳐也有这样的大锯子，根据聂璜画的这条鱼来判断很可能是软骨鱼纲、锯鳐目、锯鳐科的锯鳐。

有的锯鳐身长能到 5 米，甚至 9 米。它们的上嘴唇在演化中变得扁长，这根"锯子"最长可达 2 米，宽 30 厘米，威风凛凛，好像一把刺刀。锯鳐的大锯子相当于一个雷达，锯鳐视力不好，又出没在浑浊的水里，而长吻上有很多生物电感受器，能检测到附近的猎物。锯鳐的锯齿不是真正的牙齿，可能是鳞片演化而来的。

我是聂璜画的犁头鲨，嘴巴尖尖的，脑袋很大，像耕地用的犁的犁头。我是锯鳐的亲戚哦。

聂璜画的锯鲨可能是锯鳐。锯鳐平时潜伏在水底沙上，行动迟缓，用大"锯子"挖土，捕食泥沙中的甲壳动物和其他无脊椎动物。遇到一些底栖鱼、乌贼等小动物时，锯鳐会迅猛行动，急速冲到鱼群中，用大"锯子"左劈右砍，猛"锯"一通。不过，锯鳐不是很贪吃，此番操作只是为了填饱肚子而已，此外不会随意发动攻击，性情较为温和。小锯鳐在妈妈身体里时，大"锯子"（吻突）由角质套着，不会刺伤妈妈，等到小锯鳐出生、离开母体后，角质套自行脱落，闪亮的"锯子"露出来，开始为小家伙保驾护航了。锯鳐一般在每年的秋天繁殖，雌鱼一次能产下 15~20 条幼鱼，幼鱼 10 岁左右成熟，寿命为25~30 年。

花鲨

聂璜曾听人讲过鲨鱼生子，说鲨鱼的肚子里虽然有卵，但也是胎生。起初，聂璜不信。有一天，他在厨间清理一条花鲨时，发现花鲨的肚子里有五条小鲨鱼，旁边还有很多卵。这下，他便信了。鲨鱼怎么生小鱼呢？聂璜画了这样一幅图：一条身上有白点的大鲨鱼旁边，有几条小鲨鱼，其中一条活蹦乱跳的小鱼直接从母鱼身上钻了出来。

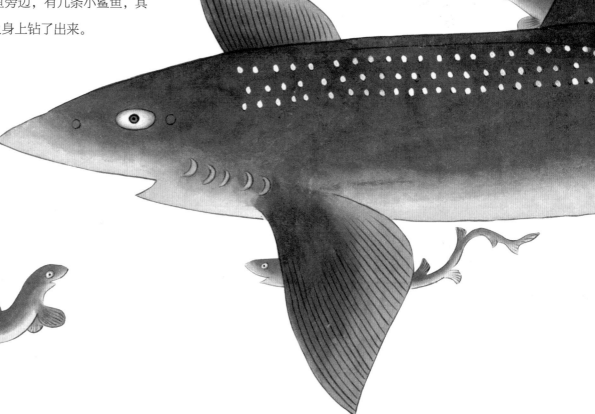

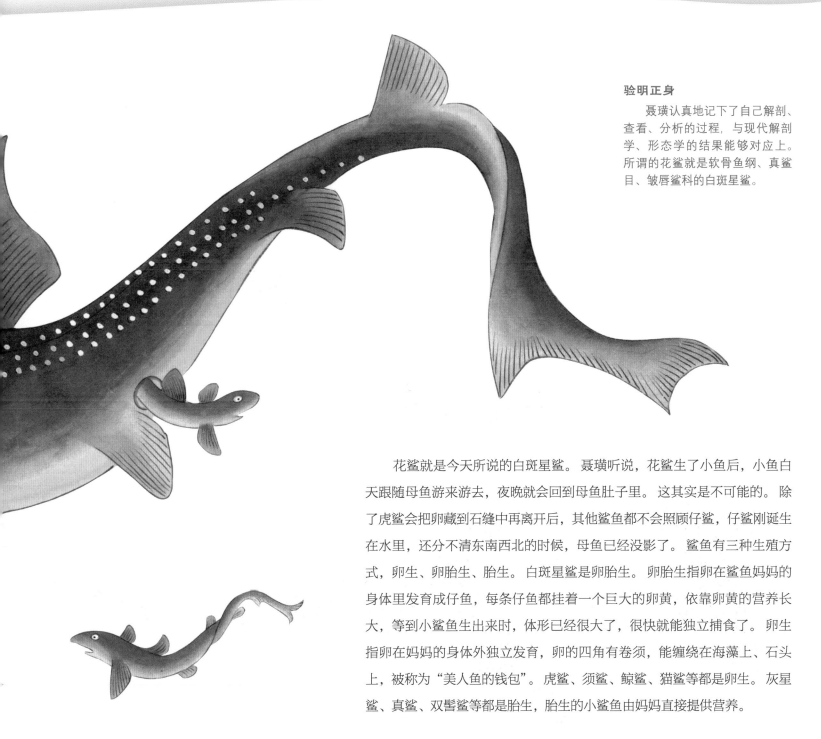

聂璜认真地记下了自己解剖、查看、分析的过程，与现代解剖学、形态学的结果能够对应上。所谓的花鲨就是软骨鱼纲、真鲨目、皱唇鲨科的白斑星鲨。

花鲨就是今天所说的白斑星鲨。聂璜听说，花鲨生了小鱼后，小鱼白天跟随母鱼游来游去，夜晚就会回到母鱼肚子里。这其实是不可能的。除了虎鲨会把卵藏到石缝中再离开后，其他鲨鱼都不会照顾仔鲨，仔鲨刚诞生在水里，还分不清东南西北的时候，母鱼已经没影了。鲨鱼有三种生殖方式，卵生、卵胎生、胎生。白斑星鲨是卵胎生。卵胎生指卵在鲨鱼妈妈的身体里发育成仔鱼，每条仔鱼都挂着一个巨大的卵黄，依靠卵黄的营养长大，等到小鲨鱼生出来时，体形已经很大了，很快就能独立捕食了。卵生指卵在妈妈的身体外独立发育，卵的四角有卷须，能缠绕在海藻上、石头上，被称为"美人鱼的钱包"。虎鲨、须鲨、鲸鲨、猫鲨等都是卵生。灰星鲨、真鲨、双髻鲨等都是胎生，胎生的小鲨鱼由妈妈直接提供营养。

双髻鲨

我是双髻鲨，头如云头而小，身微灰色而白。

在《海错图》中，聂璜画了三种脑袋像斧子一样的鲨鱼，名字分别是黄昏鲨、云头鲨、双髻鲨。这三种鲨鱼长得都差不多，脑袋都是扁扁的，向两边伸展开来，就像古代女子梳的丫髻。这种特征性很强的鲨鱼一眼看去就知道它的真正身份了。

验明正身

"梳"着丫鬟发型的鲨鱼，属软骨鱼纲、真鲨目、双髻鲨科。

我是云头鲨，头薄阔一片，如云状，虽似双髻而色稍黑。

聂璜画的三种鲨鱼都是双髻鲨。双髻鲨又叫锤头鲨，属于软骨鱼。双髻鲨的头部有左右两个突起，每个突起上各有一只眼睛、一个鼻孔。它们像人类一样拥有双眼视力（两只眼睛的视野重叠在一起），它们还能通过摇摆脑袋，看到周围 360 度范围内的情况。成年双髻鲨一般 1 米左右，大的能长到 3 米多，重可达 150 多公斤，是一种凶猛的食肉鱼，能活 30 多年。双髻鲨的头部长成斧头状，可能是为了增强嗅觉和视觉的能力，感应生物电，也可能是为了提高泳技，压制猎物。聂璜为这种鲨鱼写了几句话，说这种鲨鱼是龙宫的小侍女，头挽美丽的双髻，遭到龙母的嫉妒，被赶出了龙宫，流浪在沧海，不敢回去。

我是黄昏鲨，头左右如云头，但色白灰，背有白点。

53

井鱼

聂璜在古书上看到一种会喷水的鱼。这种鱼生活在海洋里，脑袋上长着一个孔，能把储存的水从孔里喷出来。渔民们用盆接满它喷出的水，原本又咸又苦的海水会变得甘甜清洌如井水。人们把这种鱼称为井鱼，也就是鲸鱼。鲸鱼头上的孔并不是储水的井，而是鼻孔，喷水是在呼吸和换气。鲸鱼喷出来的水大部分仍是海水，还有一部分是鲸鱼的鼻涕之类的液体，并没有净化作用。

验明正身

井鱼是海洋界重量级哺乳动物——鲸鱼，拉丁学名由希腊语中的"海怪"一词衍生。

海鰍

聂璜在书中读到，海洋里还有一种能喷水的动物，叫海鰍（qiú）。它们体形巨大，背上有时会背着幼崽，藤壶和牡蛎像小山一样也堆积在它的背上。聂璜听一位去过日本的船客说，日本人在捕海鰍时，需要出动上百人。其实，海鰍也是一种鲸鱼。鲸鱼身上没有牡蛎，游速慢的鲸鱼，身上会有藤壶。藤壶把一半身体埋进鲸鱼皮里，鲸鱼游动时，藤壶能获得水里的食物。藤壶很硬，可充当鲸鱼的"盔甲"。鲸鱼身上还有鲸虱。鲸虱是虾的亲戚，不会游泳，一生寄居在一条鲸鱼身上。鲸鱼跃身击浪也可能是为了甩掉一些鲸虱。

验明正身

海鰍很可能是太平洋露脊鲸，属哺乳纲、鲸偶蹄目、露脊鲸科。幼鲸为了方便呼吸，常趴在大鲸鱼的背上。

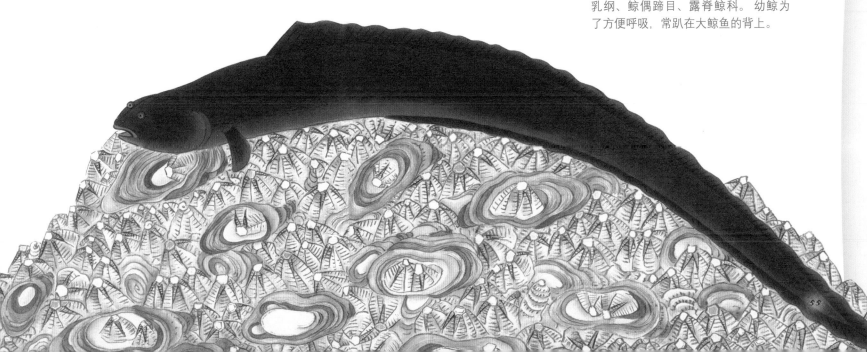

跨鲨

福建的渔民还告诉聂璜，海中最大的鲨鱼是白跨鲨和黑跨鲨。白跨鲨最大，脑袋像山岳一样，身长几十丈，能吞掉船只。跨鲨的头上、身上都有藤壶，非常坚硬。跨鲨搁浅时，取它的油膏可以做灯油。跨鲨的"跨"字是什么意思呢？渔人告诉聂璜，这种大鱼经常在海面昂首跃起，悬跨在洪波巨浪中，就像翻筋斗一样，脑袋和尾巴旋转在海面；有时几十几百只为一群，前面的大鱼刚刚翻跃而去，后面的大鱼又接踵而跃，白浪滔天，山岳为之动摇，日月为之惨暗，渔船上的人远远望过去，惊讶恐惧不已。聂璜描绘的跨鲨可能是座头鲸。座头鲸一般身长13～15米，虽然是庞然大物，却性情温顺，主要吃磷虾这种还不到1厘米长的甲壳动物。它们的后背不像其他鲸那样平直，而是向上弓起，所以叫"座头鲸"，也叫"弓背鲸""驼背鲸"。座头鲸每年都要洄游，夏天游到冷水海域觅食，冬天游到温暖海域繁殖。科学界至今也不知道它们是如何在两地间进行精确导航的。其间，座头鲸还会发出类似"唱歌"的复杂声音。

验明正身

鲸鲨身躯庞大，但身上没有藤壶，所以跨鲨应该还是鲸鱼。露脊鲸、灰鲸、座头鲸身上都有藤壶。由于座头鲸胸鳍长、嘴尖，有的是白肚子，有的是黑肚子，又多在南方暖海活动，因此，考虑可能是哺乳纲、鲸偶蹄目、须鲸科的座头鲸。

海豹

据说在康熙三十一年的时候，在福宁州，有渔民网鱼时，网到了一个怪异的动物。它的身体好像豹子一样，牙齿好像虎鲨一样，背上有圈纹，放在沙滩上，四只脚软弱无力，不能行走。当地人都不认识它，最后把它放回大海。它一碰到水，就四足履水而去了。聂璜听说这件事时，觉得这种动物实在怪异，根本猜不出是什么动物，有人叫它海豹。

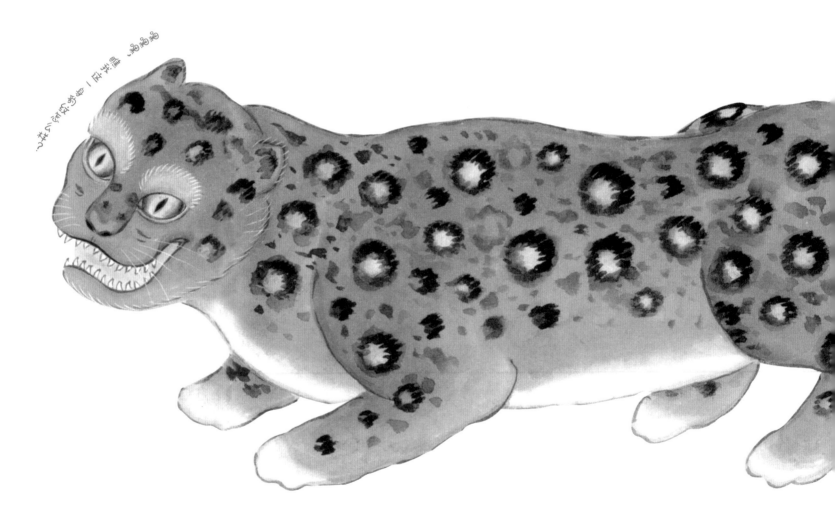

从南极到北极，都能见到海豹的身影。海豹是胎生的哺乳动物，脑袋圆圆的，有点儿像狗，全身都披着毛毛。海豹体格很大，但身体是流线型，像一个大纺锤，四肢已经演化成鳍状，适合游泳。海豹大部分时间都在海中游泳、捕猎、玩耍。它们前肢很短，后肢较长，游泳时大都依靠后肢。海豹的皮下脂肪非常厚，能产生浮力，还能保暖、储备能量。在漫长的演化中，它们的耳朵已经变得极小，或退化成两个洞，游泳时，可以自由开闭。虽然后肢对海豹成为游泳健将起到了作用，但后肢不能向前弯曲，脚跟已经退化，这使海豹不能像海狮、海狗等伙伴们那样行走。当它们在陆地活动时，总是拖着后肢，好像后肢是累赘一样，把身体弯曲着一点点爬行，在地面上留下一行扭曲的痕迹。海豹家族实行"一夫多妻"制。选择伴侣时，一只雌性海豹会被多只雄性海豹追求，雄性海豹为了得到雌性海豹的"芳心"，彼此之间会发生激烈的争斗。它们用牙齿去咬竞争对手的毛皮，势头极为凶猛。等到战斗结束后，胜利者虽然伤痕累累，但却拥有了雌性海豹。它们会一起下水，从此成立了家庭。海豹繁殖时，必须要到沙滩上、冰上或岩礁上。给小海豹哺乳、抚育小海豹时，也必须在陆上或冰上。当冰融化之后，小海豹就可以下水，独立生活了。

验明正身

　　聂璜听说的海豹，可能是今天所说的哺乳纲、食肉目、海豹科动物。海豹身体粗圆，像个大纺锤，全身披着小短毛，后背是蓝灰色，肚子是乳黄色，有蓝黑色斑点，长得像狗。

兽部

腽肭脐

聂璜在查阅古书时，看到一种肥软的动物，长着狗一样的脑袋，鱼的身子和尾巴，还长着两只脚，名叫腽肭脐（wà nà qí）。有人说它是鱼，也有人说它是狗，聂璜却觉得它不是鱼也不是狗，至于是什么，他也充满疑惑。"腽肭脐"这个名字来源于国外，中国人根据发音，把它译为"腽肭"。汉语中的"腽肭"有肥软的意思。聂璜所说的腽肭脐可能是斑海豹。斑海豹的"两只脚"其实是它的前肢，它也有后肢。斑海豹的身体又肥又圆，身长1.2~2米，背上有很多斑纹，所以被称为斑海豹。

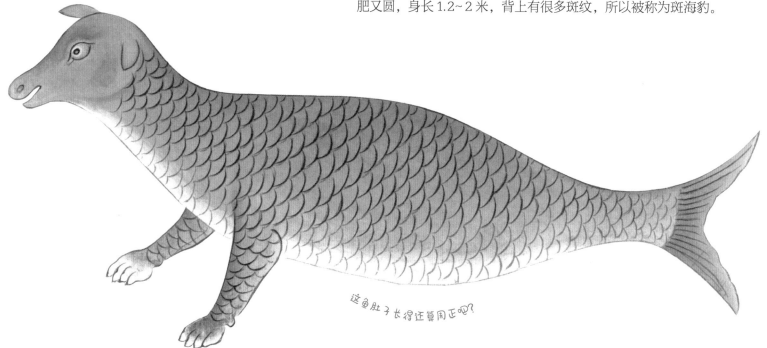

这鱼肚子长得还算周正吧？

验明正身

腽肭脐应该叫腽肭兽，是鳍脚目的海豹、海狮或海狗，而"腽肭脐"是指它们的生殖器官。大多腽肭兽喜欢冰冷的海水，聂璜所说的能在中国水域生活的，可能是哺乳纲、鳍脚目、海豹科的斑海豹。

60

海獭

我都被自己的名字给吓哭了。

有人告诉聂璜，海边发现了狗的脚印，晚上大家在岸边设了陷阱，抓到了它。它又黑又短的皮毛十分光亮，长得很像狗，被称为海獭。其实，它可能是水獭。海獭和水獭长得很像，海獭褐色身子，长着白脑袋，鼻子为三角形；水獭的脑袋也是褐色，鼻子为梯形。水獭的后腿很长，但常常折叠着，看起来很短。它的脖子也很长，远远看去，容易把脖子看成前肢。水獭喜欢定居在林木繁茂的溪河地带，大多穴居。洞穴一般有两个洞口，出入洞口多在水面下，另一个洞口则伸出地面，有利于空气流通，是气洞。有的洞道深达数米，甚至20~30米。水獭白天隐匿在洞中，夜里出来活动，常到水中捕鱼。它们的鼻孔和耳孔的瓣膜能自行关闭，防止水流进去。游近水面时，它们喜欢把头、背和尾巴露出来，常被人误认为是水怪。

獭祭鱼的故事

相传，每到春天和秋天，水獭就潜进水里抓鱼，然后把鱼整整齐齐地摆在岸上，像是摆祭品一样。古人便以为水獭是感激上天，在祭祀呢。

验明正身

聂璜写的海獭，可能是哺乳纲、食肉目、鼬科的水獭，也叫水狗、水猴和鱼猫。

章巨 毒墨章 鬼头章

聂璜听说，大海里有一种体形巨大的章鱼，重10多斤，脑袋有葫芦那么大，被称为章巨。章巨生活在近海的淤泥里，一动不动地浮在泥沙上，好像死了一样。一旦有鸟来啄食，章巨就迅速卷起身体，用须上的孔吸附鸟，把鸟吃掉。有人曾在海滩上养猪，章巨每天把小猪拖进洞穴当食物。事实上，大型章鱼的确能把海鸥拖下水淹死、吃掉，也可能抓到小猪崽后拖下水，不过，每天吃一只小猪就太夸大啦，没准儿可能是章鱼"团伙作案"，不同的章鱼轮流偷小猪。

验明正身

虽然名字里有鱼，但章鱼不是鱼，而是头足纲、八腕目、章鱼科软体动物，也叫蛸。章鱼有八条细长的腕足，上面有300多个吸盘，有很强的吸附力。章鱼残忍好斗，还足智多谋，堪称海洋一霸，小小的海洋鸟雀压根儿不敢正眼看章鱼。

　　冬天，章鱼会藏在泥土中，减少活动，一些年老的章鱼熬不过冬天，死后残肢被冲上沙滩，古人便误以为章鱼是吃自己的触须死掉的。据说在康熙年间，有渔民捕捉到一种章鱼，长着寿星一样的头，两只眼睛、一张嘴巴。众人观赏过后，把它放回大海里，叫寿星章。还有一种鬼头鱼，聂璜听朋友说，这种长得像人的章鱼，有耳朵、嘴巴、鼻子、肩膀、身体，就是没有胳膊，身体下面是八条触须。鬼头鱼被捕捉到后，大叫七声，然后死去，无人敢吃。

验明正身

　　寿星章鱼可能是虚构的，鬼头鱼的真实身份可能是畸形的章鱼。

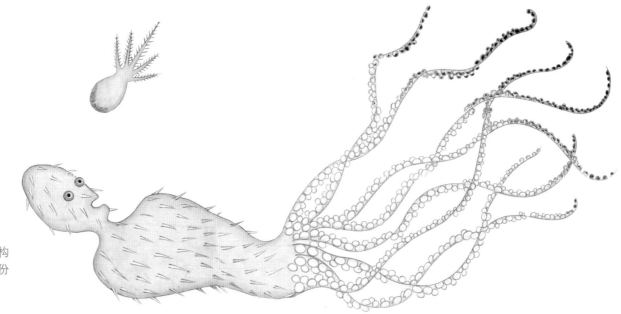

在唐朝以前，古人把柔鱼和乌贼看成一种生物，都叫乌鲗。宋朝时，古人根据柔鱼没有骨骼，而乌贼有骨骼，而把柔鱼和乌贼分别命名。柔鱼也叫鰇鱼。明朝时，古人说越人很爱吃柔鱼。清朝时，有人把柔鱼晒干，然后用酒炙之，吃起来味道甘美。那么，柔鱼到底是什么鱼呢？

验明正身

　　柔鱼就是鱿鱼，虽然叫"鱼"，但其实不是鱼，而是头足纲、枪形目的软体动物，身体像个长锥子，颜色苍白，脑袋大，生有 10 条触足，尾巴的肉鳍是三角形，经常大群大群地游弋在浅海中上层，捕食磷虾、沙丁鱼等。

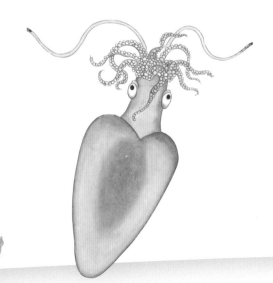

只有两条吸盘吗？好像没了头。

在《海错图》里，聂璜画了一幅柔鱼图。可是，左看右看，都不像柔鱼，而像乌贼。这是因为他没有亲眼见到活着的柔鱼，而是根据柔鱼标本描画的。聂璜在柔鱼旁写了一段话，大意是：典籍里没有柔鱼的名字，但有"鳋"，应该就是指这种鱼。他还写道，柔鱼也叫八带，是一种难得的珍馐美味，无奈的是它生存在海外。

验明正身

其实，柔鱼是柔鱼，八带是八带。八带就是八带鱼，也叫望蛸，为头足纲、八腕目、蛸科软体动物。柔鱼和望蛸完全是两种生物。

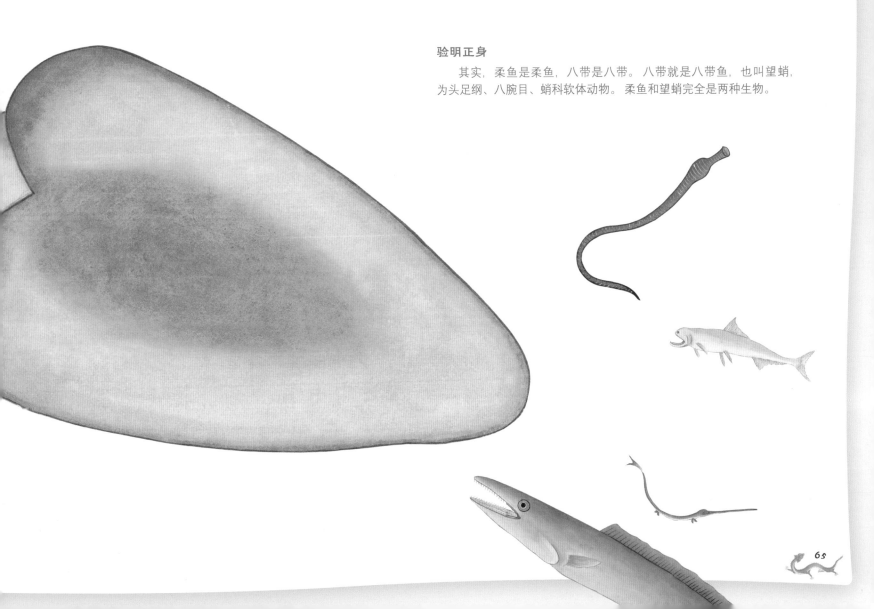

在古代，墨鱼是一种被人熟知的动物。聂璜也熟悉它，他在画墨鱼时，还细心地在墨鱼嘴边画了一个白色水滴一样的东西。墨鱼的身体里有一个墨囊，遇到天敌时可喷出墨汁，使水中弥漫一团黑雾，遮住天敌的视线，就能逃走了。令聂璜遗憾的是，这纯天然的好墨汁却不能写字，只能白白送给海龙王。其实，聂璜画的水滴状的物体为墨鱼的内壳。远古时，墨鱼的祖先像海螺一样也有外壳，因行动不便，外壳便演化得越来越小，最终演化成水滴状的内壳。内壳中有气室，向气室里充水、排水，墨鱼就能上浮、下沉了。正如聂璜所写，墨鱼的确能喷出墨汁。墨汁由黑色素、氨基酸、黏液组成，容易变质，写字后会分解。古籍上记载，有一个心术不正的人用墨鱼喷出的墨汁写借条，一年后，墨迹分解消失，只剩一张白纸，便耍赖不还钱了。

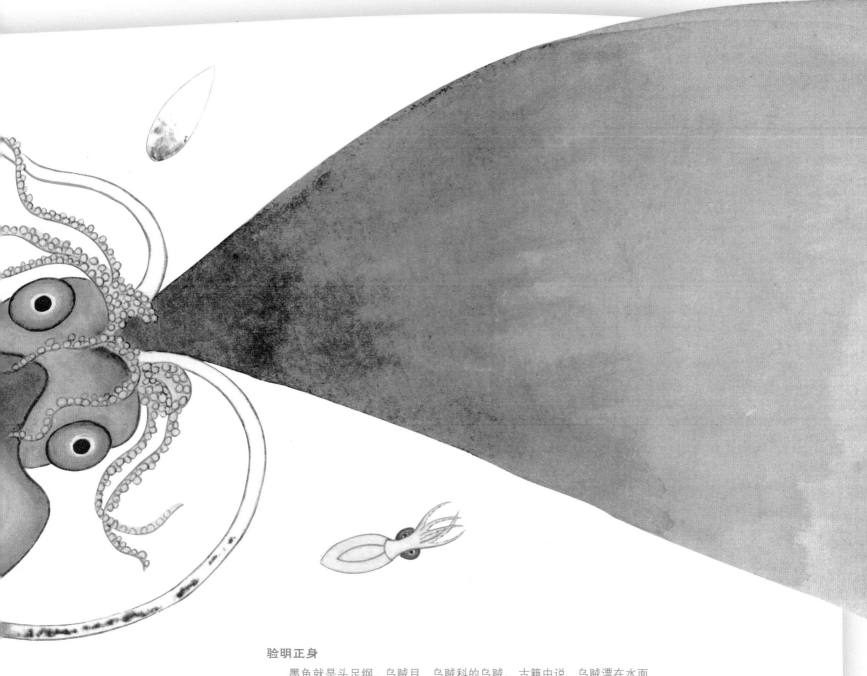

验明正身

　　墨鱼就是头足纲、乌贼目、乌贼科的乌贼。古籍中说，乌贼漂在水面装死，吸引乌鸦来啄食，乌鸦一落下，乌贼就把它拖入水中，人们便叫乌贼为"偷乌鸦的贼"，故此得名。其实，"乌"是指会喷墨汁，"贼"与"鲗"音相同，就叫成乌贼了。

海粉虫

在海边的滩涂上，有一种身体圆润的小虫子。聂璜看到小虫子的身体为灰黑色，背部微微隆起，肚子上有淡淡的红色，看起来像鳖甲四周的软肉。聂璜还听人说，这种小虫子是一种很神奇的生物。它吃进去的是绿色的海苔，却能从背上拉出一种叫"海粉"的食物。及时收集起来的海粉最好吃，是清新的绿色，如果收晚了，海粉变成黄色，就不好吃了。这种小虫子其实就是海兔。它那高高隆起的背部是它的腹足。

验明正身

海粉虫就是海兔，为腹足纲、后鳃目软体动物，是一种螺类，又叫海蛞蝓（kuò yú），蜗牛和海螺都是它的亲戚。海兔像无壳的蜗牛，贝壳已经退化为内壳，软体部分外翻后，能包住内壳。当海兔遇到危险时，体内的紫色腺能释放出一种紫色液体，可以把海水染成"蓝莓汁"或"葡萄汁"，借以逃避天敌的视线。海兔还有一种毒腺，能分泌一种略酸的乳状液体，十分难闻，一旦天敌接触到就会中毒受伤，甚至死去。

海兔经常用头部挖掘泥沙，吞食小型无脊椎动物，尤其喜欢吃海藻。大海退潮时，有的海兔舍不得放弃吃海藻，就会被晒死在礁石上。海兔吃什么颜色的海藻，身体就会变成什么颜色，有的海兔身上还长着绒毛状和树枝状的突起，与海洋环境相近，不容易被天敌发现。其实海粉是海兔产的卵。海兔吃的海藻颜色不同，排出的卵的颜色也不一样。卵之间有胶状物，会把卵粘成一条，看上去像粉丝，所以被称为海粉。

海兔真厉害，吃的是草，拉的是粉。

我最爱吃海粉了。

这种长相的珊瑚很另类吧？

聂璜画过泥翅。泥翅黑紫色，昂首挺胸地"站立"，一端是光秃秃的，还有小孔；另一端毛茸茸的，长着很多片状物，像羽毛一样散开，看起来就像开花的鱼鳃。这种生物就是今天所称的海鳃。海鳃光秃秃的部分不是它的脑袋，而是"根部"，平时固定在泥沙中；毛茸茸的部分才是向上的一端，平时高高翘起。海鳃看起来身体柔软，体内竟然有一根长长的骨头。这根骨头又细又长，甚至能拿来做簪子。很多海鳃的体内都有一根中轴骨，让海鳃能在海中站立，拦截水中的颗粒食物。用手搓一搓海鳃，小家伙会膨胀起来。聂璜认为，海鳃脾气大，所以会气鼓鼓的。海鳃之所以会膨胀，是因为受到刺激，肌肉收缩，使自己变成"矮胖子"，以便躲开危险，藏进泥沙。这是逃命的方法。

验明正身

泥翅就是珊瑚纲、海鳃目的刺胞动物——海鳃，是一种软珊瑚。每一个海鳃都有圈触手，触手就像树上开着的花朵。

石乳　墨鱼子

在海边，有很多阴暗潮湿的岩洞。一次退潮后，聂璜发现在岩洞的缝隙中，有几个肉球垂在洞顶。它们叫石乳。石乳能垂在洞顶，是因为有吸盘，能让自己牢固吸附，海浪也无法冲走。有的寄居蟹还会把石乳背在背上，给自己做掩体。石乳其实就是海葵。海葵的构造极为简单，连最低级的大脑基础也没有，也没有骨骼，依附在岩石、珊瑚上生存，有时会依附在寄居蟹的壳上，缓慢地移动。它们看上去还像美丽柔弱的花朵，其实，它们却是凌厉的"刺客"，捕食高手，而且，有的可以活到 2000 多岁。海葵的触手上有一种能释放毒素的细胞，当它捕猎时，会用触手刺入猎物，使其麻痹。海葵的触手美丽而恐怖，但却不攻击双锯鱼，也就是 6~10 厘米长的小丑鱼。小丑鱼为海葵引来食物，海葵为小丑鱼提供保护，它们和谐共生在危机四伏的海洋里。海葵旁的石壁上，聂璜画了一串串黑珍珠一样斜斜地挂着的墨鱼子。它们能排列几百行，而且喜欢沐浴阳光。墨鱼子就是墨鱼卵，乌贼的卵，内部只有汁液，没有蛋白和蛋黄。当它们快孵化时，能透过卵壳看到里面的小乌贼。

验明正身

石乳就是大名鼎鼎的海葵，长得像美丽的植物，实际上是有毒的珊瑚纲、海葵目的无脊椎动物。

有一个传说，上古有位女子，思念外出的父亲，便跟家里的马开玩笑，说如果它能将父亲接回来，就嫁给马。马果然接回了父亲。父亲则认为人不能嫁给马，于是把马杀掉，马皮却飞起来，卷走了女子，落在树上，变成蚕，这就是蚕神。养蚕在古代非常重要，所以才有了这个传说。聂璜听说，不仅陆上有蚕，海里也有蚕。他没见过海蚕，便根据陆地上的蚕画了三只海蚕，每只都长着马脑袋。聂璜打算画几只海蜈蚣，但书上没有，鱼市上也看不到，只好作罢。巧的是，有一天他在厨内清理海鱼时，发现海鱼肚子里有虫子，有人说这就是海蜈蚣。海边人钓鱼前，会在深滩上挖海蜈蚣，就像挖蚯蚓一样。于是，聂璜就照着这个样子画了海蜈蚣。他画的海蜈蚣其实是沙蚕。沙蚕和蚯蚓是亲戚，都属于环节动物门，沙蚕是多毛纲，蚯蚓是寡毛纲。但聂璜觉得沙蚕跟蜈蚣很像亲戚，其实蜈蚣属于节肢动物门。

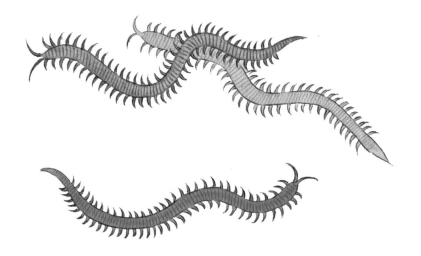

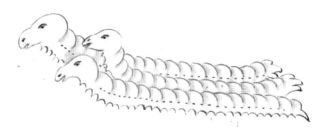

验明正身

　　海蚕属于多毛纲、游走目、沙蚕科软体动物。聂璜也画了沙蚕，沙蚕其实是海蜈蚣。

天虾

　　聂璜在广东时，在海上见过一种会飞的虾，这种虾挥动翅膀，在海面上空不停地飞行。当地人叫它天虾。聂璜在书上看到，当天虾落进海里时，会变成海里的虾。这让他感觉很有趣。其实这不是虾，而是蜉蝣。蜉蝣成虫只能活几天甚至几个小时。当它们死后落在水面时，大小和虾差不多，古人就以为它们化成了虾。聂璜还有一个发现，蝗虫的味道和虾很像，旱灾时蝗虫多，水灾时虾多，他便以为蝗虫也能变成虾，虾也能变成蜻蜓，什么颜色的蜻蜓就是什么颜色的虾变成的。天旱时，蝗虫喜欢在露出的河滩上产卵，所以古人以为蝗虫变成了虾。而蜻蜓的幼虫叫"水虿（chài）"，生活在淡水里，成熟后就爬上岸脱壳变为成虫，并不是虾变成的。

验明正身

　　天虾不是虾，而是昆虫纲、蜉蝣目的有翅昆虫蜉蝣。蜉蝣起源于两亿多年前的石炭纪，翅膀像蜻蜓一样不能折叠，幼年时生活在淡水里，长大后不吃东西，飞行产卵，之后死去。

毛蟹

在海边和田间的河流里，聂璜发现一种钳子上长着茸毛的螃蟹，当地人叫它毛蟹，其实就是大闸蟹。为什么叫闸蟹呢？据说很久以前，大家用竹闸捕蟹，所以叫闸蟹。清《清嘉录》中还说，时人把湖蟹"汤炸而食，故谓之炸蟹"。"炸"读 zhá，水煮之意，后来被写成发音相近的"闸"，所以叫闸蟹。

瞧这毛茸茸的"袖筒子"，是不是有一种华贵的气质呢？

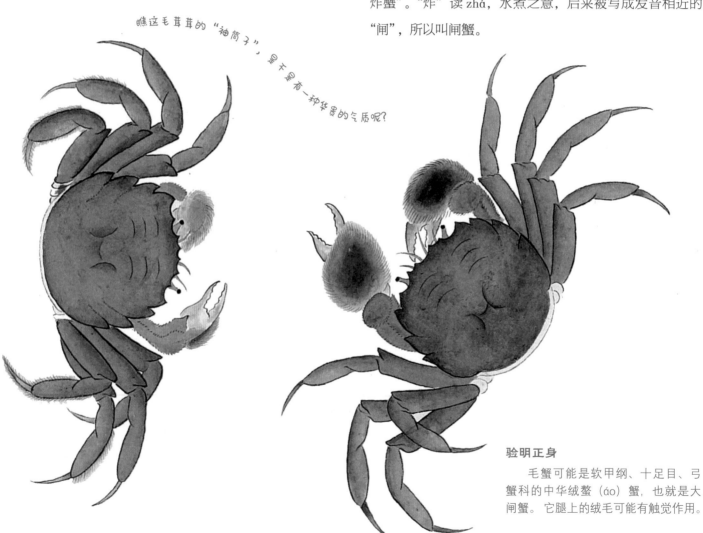

验明正身

毛蟹可能是软甲纲、十足目、弓蟹科的中华绒螯（áo）蟹，也就是大闸蟹。它腿上的绒毛可能有触觉作用。

蝤蛑

在沿海地区，还有一种青色大螃蟹，被称为蝤蛑（yóu móu）。聂璜没有见过，渔民告诉他，这种蟹能和老虎打架，用钳子夹住老虎的舌头，老虎打不过它。蝤蛑可能是梭子蟹里的一种青蟹。青蟹大致有四种，一种是锯缘青蟹，重可达３公斤，是搏斗高手；一种是拟穴青蟹，挖洞爱好者；一种是紫螯青蟹，大螯是浓艳的紫色；一种是榄绿青蟹，身上一袭橄榄绿，大螯橙红色。青蟹经常昼伏夜出，天冷时，还把自己埋在泥沙里，只露出一双眼睛观察外面。

验明正身

蝤蛑属软甲纲、十足目、梭子蟹科，也就是说，它们是梭子蟹里的一种，为穴居水生甲壳动物，以小鱼、虾、藻类、贝等为主食。

蠘蟹 拨棹 狮球蟹

聂璜发现，有一种螃蟹产卵时，会有很多油脂，被人称为蠘（jié）蟹、膏蟹。还有一种叫拨棹（zhào）的螃蟹，有紫色，有青色，后腿像船桨。聂璜发现它们只生活在水里，一上岸就会死掉。他写的这两种螃蟹都是三疣梭子蟹，后足灵活有力，连章鱼都抓不到它们。三疣梭子蟹一生要多次蜕壳。蜕壳时，蟹静伏不动，也不吃东西，没有任何防御能力。如果被敌人发现，可能会被吃掉，或者受伤后，壳不能硬化，导致死亡，所以，蟹会躲在石头下蜕壳。旧壳蜕完后，新壳两天后就能硬化了。

验明正身

蠘蟹和拨棹蟹都是三疣（yóu）梭子蟹，为软甲纲、十足目、梭子蟹科甲壳动物。

三疣梭子蟹能变色。它们的身体里有多种色素细胞，当色素细胞舒张时，色素扩散，蟹的身体颜色就变得深浓了；当色素细胞收缩时，蟹的身体颜色就会变得浅淡。当它们在沙质海底时，会变成浅灰绿色，在岩礁或海藻间时，会变成深茶绿色，完美地和环境融为一体。听说过螃蟹也能"断足重生"吗？三疣梭子蟹就可以。它们自己截足后，一个星期内，截断的地方会生出一个柔软的、透明的肢芽，肢芽生长成熟后，蜕去外面的囊，就是新足了。聂璜去海鲜市场时，还看到过一个豆子那么大的小动物，他感到十分惊讶。小家伙身体纤薄，没有内脏，没有钳子和眼睛，五条腿像丝带，叫狮球蟹。狮球蟹和三疣梭子蟹就没有什么关系了。

验明正身

狮球蟹是蛇尾纲的一种棘皮动物，为海星的亲戚。因为长着五条纤长的"手腕"，能像蛇一样蜿蜒前行，被称为海蛇尾。

海夫人

聂璜画的图中，有一幅图画的是海夫人。聂璜也叫它淡菜。淡菜可不是青菜，不是植物，看着就知道它是一种贝类，也叫青口、海红、壳菜，都是贻贝。

验明正身

　　无论是青口（壳为青色）、海红（肉为红色），还是壳菜（有壳），都属于贻贝，一种瓣鳃纲、异柱目、双壳类软体动物。

　　聂璜见到贻贝时，发现贻贝有粗硬的黑毛。采贝人告诉他，贝类爱在淤泥里爬，只有贻贝例外。贻贝会用毛毛把自己粘在岩石上。大贻贝和小贻贝粘在一起，小的是大的生出来的。贻贝的黑毛叫足丝，足丝顶端有吸盘，能吸附在岩石上，固定住贻贝。实际上，小贻贝并不是大贻贝生出来的，而是因为大贻贝把岩石占满了，小贻贝来得晚，只好附在大贻贝上。在给海夫人配文时，聂璜写了一个奇特的事：大的贻贝上常附生着藤壶，藤壶一双一对，没有单个的，可能是一雌一雄在一起。这是聂璜的猜想，藤壶是雌雄同体，不可能一只是雌的一只是雄的；藤壶喜欢挤在一起，是为了繁衍后代，或抵御巨浪，不是必须成双成对的。

海和尚

有一年，一些渔民捕捉到一只动物，长着龟鳖的身体，却有人一样的脑袋，被称为海和尚。渔民吓坏了，赶紧把它放回大海了。聂璜的一位朋友讲给聂璜听。聂璜很感兴趣，但也不知道其为何物。海和尚是传说中的海怪，据说在海上行船的人遇见它会遭遇不测。曾有几个渔民捕鱼，收网时格外沉重，总算拉上了岸，看到网中有六七个头顶光秃秃的小人，个个盘腿端坐，双手合十，说着听不懂的语言。渔民赶紧把他们放出来，他们在海上走了几十步后，突然消失不见了。有人说，这是海和尚。传说中，海和尚被抓住后会流下眼泪，念诵经文，这可能是因为它眼中的盐腺排出了含盐液体，经文声则是它发出的低吼和呼吸声。

验明正身

海里没有鳖，只有海龟，海和尚很可能是地球上现存最大的龟——棱皮龟。棱皮龟为爬行纲、龟鳖目、棱皮龟科动物。棱皮龟能长到 2.5 米，后背没有甲片，只有革质皮肤。很多龟都爬得慢，但棱皮龟却是世界上移动速度很快的爬行动物之一，每小时能爬 35 千米。

西施舌

西施之美，看出来了吗？

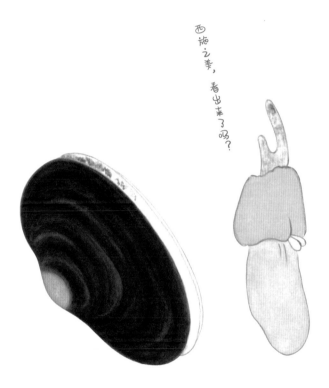

聂璜在福建时，发现在当地有一道美食，这就是紫蛤的肉。这种肉的外形，看起来就像人的舌头，被称为"西施舌"。聂璜在仔细观察后，便把这条"小舌头"和它外面的褐色贝壳，一起画了下来。紫蛤的贝壳外皮是褐色的，容易脱落，露出隐藏在褐色"外衣"下的紫色"内衣"，因此叫紫蛤。斧足是紫蛤、蚌、牡蛎等动物特有的"脚"，它们之所以能在水中运动，全靠斧足一伸一缩。紫蛤平时埋栖在深度约为15~25厘米的泥沙里，春天产卵后，随着水温逐渐升高，紫蛤也逐渐"迁居"，埋潜在30~40厘米的泥沙里，进入"夏眠"状态。这时的软体部分很消瘦。等到天凉后，紫蛤再度活跃，会慢慢丰腴起来。

验明正身

紫蛤是双壳纲、真瓣鳃目、紫云蛤科的有介壳软体动物。它的斧足从壳里伸出来，形如人舌。

西施舌与西施的故事

传说春秋战国时，越国和吴国发生战争，越国被迫向吴国称臣。越王勾践不甘心失败，把美女西施献给吴王夫差，想用美人计来迷惑吴王。西施来到吴国后，吴王夫差果然沉迷美色，无心朝政。当越国打败吴国后，越王打算接西施回到越国，但越国王后担心越王也会沉迷于西施的美色，便命人把西施沉江。含冤而死的西施化作紫蛤，紫蛤肉后来就被称为西施舌了。

撮嘴

在海边时，聂璜看到海边的岩石上、竹林树木上、海螺和贝类身上，以及鲸鱼和龟的背上，长着很多微型的"小山"。"小山"上的东西还长着外壳，很像噘起来的嘴，被称为撮（cuō）嘴，这噘着嘴的"小山"其实是藤壶。聂璜观察到，藤壶的外壳长得也像花瓣，壳里中空。藤壶的外壳内还有两片小壳，肉上长着小爪，张开外壳，小爪子就能捕食了。藤壶壳壁的截面是蜂窝状结构，能抵抗海里的风浪；藤壶的爪子是由几条附肢组成，能拦截水里的小虫子。聂璜有一位好朋友，也对海洋生物感兴趣。他告诉聂璜：藤壶是水变的！聂璜一点儿不觉得惊人，他也认为藤壶是由水花凝成的。藤壶当然不是水花变来的，而是自然繁衍而来的。大部分藤壶都雌雄同体。

验明正身

撮嘴是甲壳纲、无柄目、藤壶科的节肢动物，能分泌一种黏胶，让自己有吸附力。藤壶曾被认为是贝类，后来发现它是虾和螃蟹的亲戚。

海荔枝

　　海里会长荔枝？当然不会，这是指一种叫海荔枝的生物。当海荔枝死去时，浑身紫黑色，壳上还有米粒般的小疙瘩。而活着的海荔枝，壳上长着松针一样的绿刺。聂璜发现这种浑身长满"武器"的圆球，总是潜伏在岩石缝中。海荔枝其实就是海胆。无人靠近时，海胆会把身上的刺垂下来，一旦察觉到有人靠近，它就像刺猬一样，把刺都竖起来。有的海胆刺上有倒钩，扎进皮肤会断在里面，很难挑出来。有的海胆刺上有毒，有的没毒。刺上无毒的海胆胆子小，有的躲进洞里不敢"出门"；有的则背着海藻、碎珊瑚等伪装自己。海胆是地球上最长寿的海洋生物之一，上亿年前就出现在地球上。海胆有绿色、橄榄色、棕色、紫色、黑色，有吃肉的，也有吃素（海藻）的。海胆大多生活在海底，喜欢潜伏在岩石、珊瑚礁的缝隙或凹陷处，昼伏夜出。如果周围食物多，便很少移动，每天仅移动几厘米，如果食物匮乏，每天可移动 50 厘米。

验明正身

　　海荔枝是海胆纲、无脊椎、棘皮动物海胆，与海星、海参是近亲。活着的海胆长得像个刺球，也叫海刺猬，死去的海胆刺会脱落，看起来的确像荔枝。聂璜画的海胆，"身材"和大小更像马粪，可能是马粪海胆。

玳瑁

鹦鹉嘴呢?

聂璜在书中读到,在南方的海洋里,有一种龟,嘴巴又尖又弯,就像鹦鹉一样,但却有龟的身子,人们叫它玳瑁。聂璜画的玳瑁有六条腿,其实玳瑁只有四条腿,它的四肢看起来就像船桨,并且前肢比后肢长。聂璜发现,玳瑁共有十二片背甲,上面还有一些黑色或白色的斑点,非常好看。事实上,玳瑁有十三块光滑的背甲,如果逆光看它的背甲,会发现背甲是半透明的,十分美丽。

验明正身

玳瑁是爬行纲、龟鳖目、海龟科的一种海龟,生活在热带海洋的浅水水域。

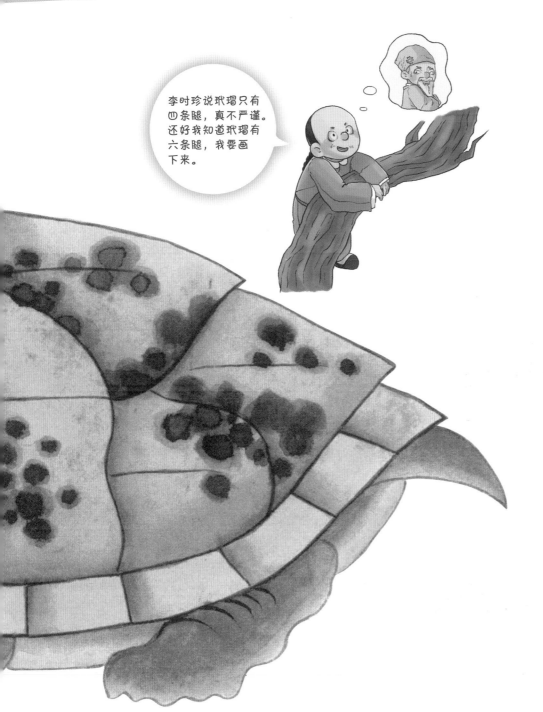

起初，人们把玳瑁的背甲作为装饰品，后来又把它入药。聂璜翻阅书籍时了解到，把玳瑁的甲片带在身上，发生食物中毒时，甲片自己摇动，就能解毒。实际上，玳瑁的甲片没有这样神奇的解毒作用。玳瑁常吃有毒的海绵、水母等生物，身上会有海绵难闻的味道，肉中也含有一定的毒素。从外表看，玳瑁好像很笨重，其实，它们不仅有很强的活动能力，还有较快的游泳速度。在海洋中，玳瑁堪称凶猛的肉食性动物。玳瑁经常出没于珊瑚礁中，进行捕猎，含有剧毒的海绵、僧帽水母是其他动物望而却步的，却是玳瑁喜欢的"美食"。这是因为玳瑁的头上生有鳞甲，海绵、僧帽水母的刺细胞无法穿透。玳瑁的双颚结实有力，能咬碎蟹壳、贝壳，如果珊瑚礁的缝隙中躲着小虾、乌贼，玳瑁那钩子一样的"鹰嘴"也能轻易将它们钩出来。鲨鱼、湾鳄、章鱼等动物有时会捕食玳瑁，但玳瑁甲壳坚实，很难咬穿，一些天敌会不战而退。

鹰嘴龟

《山海经》上有个故事，说杻阳山有一条怪河，河里有一种黑色的龟，长着鸟头、蛇尾，叫旋龟。旋龟叫起来就像劈开木头时发出的声音。旋龟还曾帮助大禹治水。它驮着息壤（自己能生长的土壤），帮助大禹把息壤一块块投向大地，堵塞洪水。到了清朝，有人说自己见过这种龟。当时，一个小童在沙滩上捉螃蟹，看到一个奇怪的东西从洞穴里探出了头，便叫嚷起来，旁边的人便把它拉了出来。只见它大如簸箕，脖子极为细长，头顶有一根像鹰嘴一样的弯钩，嘴里有牙齿，眼睛为红色，头和背为杏黄色，四肢和尾巴为黑色，上有花纹，肚子和背上都有壳，背上的壳又小又平。众人根据它头部的形状叫它鹰嘴龟。

验明正身

鹰嘴龟可以对应为现实中的平胸龟。平胸龟为爬行纲、龟鳖目、平胸龟科动物，身体扁平，脑袋大到了甚至不能缩回甲壳中的地步。鹰嘴龟的尾巴很长，嘴巴像老鹰嘴，被称为"三不像"。别看它走路慢腾腾的，却是攀爬高手。

龟脚

知道什么是龟脚吗？很多人都不知道。聂璜也不知道，但他翻阅了大量古籍，还去实地考察了。宋朝时，这种生物被称为石蜐（jié），明朝时叫龟脚，因为长得像乌龟的脚；也叫仙人掌，因为长得也像手掌。龟脚就是龟足。龟足是幼虫时，也会像虾蟹那样爬行、游泳，不过，一旦找到合适的礁石，它们就把自己固定住，慢慢长成龟足的样子。这种长在石头上的虫子，还有佛手贝、狗爪螺、鸡冠贝等别称。虽然名字里有"螺""贝"，但聂璜认识到，它"非蛎非蚌"，与螺、贝没关系。聂璜写道，龟足长相诡异，很多中原人不认识。一个中原人到福建做官，看到龟足很惊异，叫仆人去买，又说不出名字，便说买那种长得像"匆"字或"易"字的东西。仆人试着买了龟足回来，正好买对了。

验明正身

所谓龟脚，就是龟足，是甲壳纲、围胸目、指茗荷科海洋生物，和虾蟹关系更近。

你笑点真低……

哈哈哈，买龟足的故事使人喷饭，至今为笑谈。

鲎腹

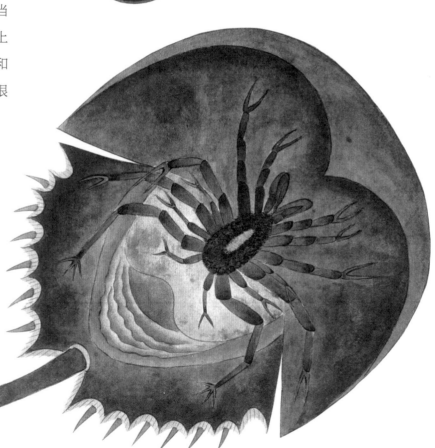

　　海洋里有一种生物，没有鳞片，却被称为鲎（hòu）鱼，身上有甲壳，却又不是螃蟹。聂璜见过很多海洋生物，可是从来没有见过这样奇特的，于是他无奈地把鲎归为海中介虫，并画下了鲎的腹面。鲎的前半部像半个瓢，有 12 条腿，一根三棱状的尾巴，既坚硬又锋利，还长着小刺。当遇到危险时，鲎能用尾巴"扫荡"，从而自卫。鲎仰面朝上时，还能用尾巴顶着地面，让自己翻转过来。它的尾巴和甲壳组合起来，就像长矛和盾牌，是保护自己的利器。很多动物的血液都是红色的，鲎却与众不同。

验明正身

　　鲎是肢口纲、剑尾目、鲎科动物。它们的祖先诞生于 4 亿多年前的泥盆纪，鲎也被誉为活化石。今天，鲎的近亲都已灭绝，肢口纲、剑尾目下只有鲎一种动物。蝎子、蜘蛛和已经灭绝的三叶虫，是鲎的远亲。鲎的血液是蓝色的，因为血液中含有铜离子，铜离子遇氧会被氧化成蓝色，吃鲎肉容易重金属中毒。鲎的血液遇到细菌还会凝固。

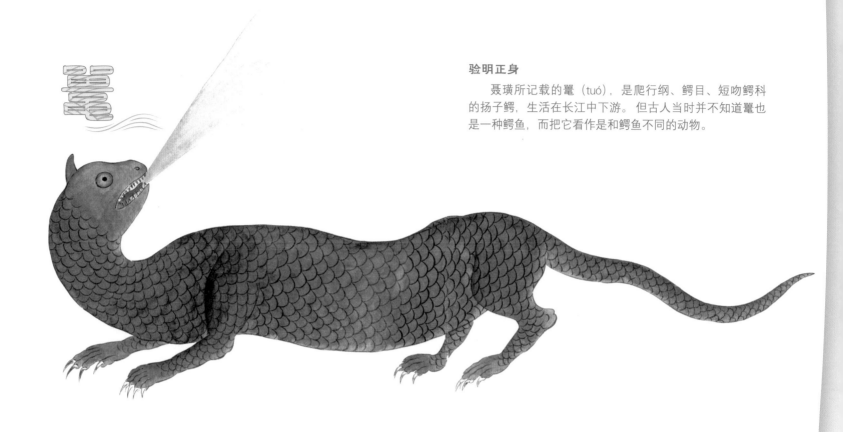

验明正身

　　聂璜所记载的鼍（tuó），是爬行纲、鳄目、短吻鳄科的扬子鳄，生活在长江中下游。但古人当时并不知道鼍也是一种鳄鱼，而把它看作是和鳄鱼不同的动物。

　　聂璜听一位朋友说，有一年乘船过江，见到一只动物盘踞在江岸的石头上，全身漆黑，长满鳞甲，有两只小角，还有四只爪子、一个很长的尾巴。船夫说这是凶猛的鼍兽，让大家不要出声，不然它会打翻船只。聂璜查阅了很多书籍，据说鼍能吞云吐雾，呼风唤雨。它鸣叫的声音和打鼓一样大，人们会用鼍的皮制鼓。鼍平时藏在洞里。据考证，鼍可能是鳄鱼中的扬子鳄。扬子鳄曾广泛分布于中国，但后来由于栖息地减少、气候变冷等原因，鳄鱼逐渐减少，聂璜当时想亲眼见到鳄鱼非常困难。他所写的鼍兽能吞云吐雾，可能是因为扬子鳄栖息在湿地、水汽氤氲的缘故。扬子鳄力气很大，但性情温和，很少伤人。扬子鳄产卵时，会把卵产在草丛中，上盖杂草。杂草腐烂发酵，发出热量，加上阳光的热能，可以促进孵化。仔鳄出壳时，会发出叫声，鳄鱼妈妈听到后，会扒开仔鳄身上的覆草等物，帮助小家伙爬出巢穴。扬子鳄是挖洞打穴能手，头、尾、趾爪是现成的工具。洞穴常有几个洞口，有的在岸边芦苇处，有的在池沼底部。洞穴里曲径通幽，纵横交错，好像地下迷宫，帮助它们逃避敌害，度过寒冬。

什么是凫（fú）呢？头上长有一撮毛发的野鸭，就是凫。生活在海里的野鸭，叫海凫。根据古书记载，海凫为青色，背上的羽毛有花纹，短腿，有喙，喜欢成群结队地徜徉在江河湖泊的沙石上。当它们飞行时，遮天蔽日，鸣声震耳。古人也叫海凫为冠凫，认为它们是由石首鱼幻化而来的。秋天，无数条石首鱼游到南方的海洋，变成了海凫飞出来。聂璜说野鸭的头中有石，的确是石首鱼化成的。海凫在现实中可能是秋沙鸭，秋沙鸭头上的一撮毛发叫羽冠，嘴细长，擅游泳、潜水，吃水里的小鱼虾、水生昆虫、软体动物等。秋沙鸭是候鸟，春夏时去北方产卵，秋冬回到温暖的南方，古人因此误会是石首鱼游到南方变成了海凫。

验明正身

海凫应该是鸟纲、雁形目、鸭科的秋沙鸭，这种鸭科鸟类当然不是鱼变的。

海鹅

　　根据聂璜的描述，海鹅长得和家鹅差不多，不过比家鹅小一些，也是洁白的羽毛，黄色的嘴巴。唐朝诗人杜甫漂泊异乡、有志难酬时，曾黯然写下一首诗寄托情怀，其中有一句是："旧国霜前白雁来。"诗中的白雁，外形很像鹅，也是个头小，身短圆，喙黄色，古人把白雁也叫海鹅。海鹅是候鸟，每年秋天，都按时从北向南迁徙，自此，人们便知道霜降时节来临了，海鹅因此又叫霜信。聂璜在记录海鹅时，说海鹅长时间生活在水里，因此，脚弱不能行走。真相是：海鹅在迁徙前，会脱掉全部飞羽（很多候鸟会逐渐更换羽毛），在长出新羽前，海鹅没有用于飞行的羽毛，只好藏匿在水边的草丛中，以躲避天敌。古人误以为它们脚弱，而卧在水里。

验明正身

　　海鹅可能是鸟纲、雁形目、鸭科的雪雁，能进行远距离的飞行，由于雪雁的腿位于身体中心，还使其能自如行走。雪雁喜欢群居，奉行一夫一妻制，伴侣之间十分忠贞，寿命25年左右。

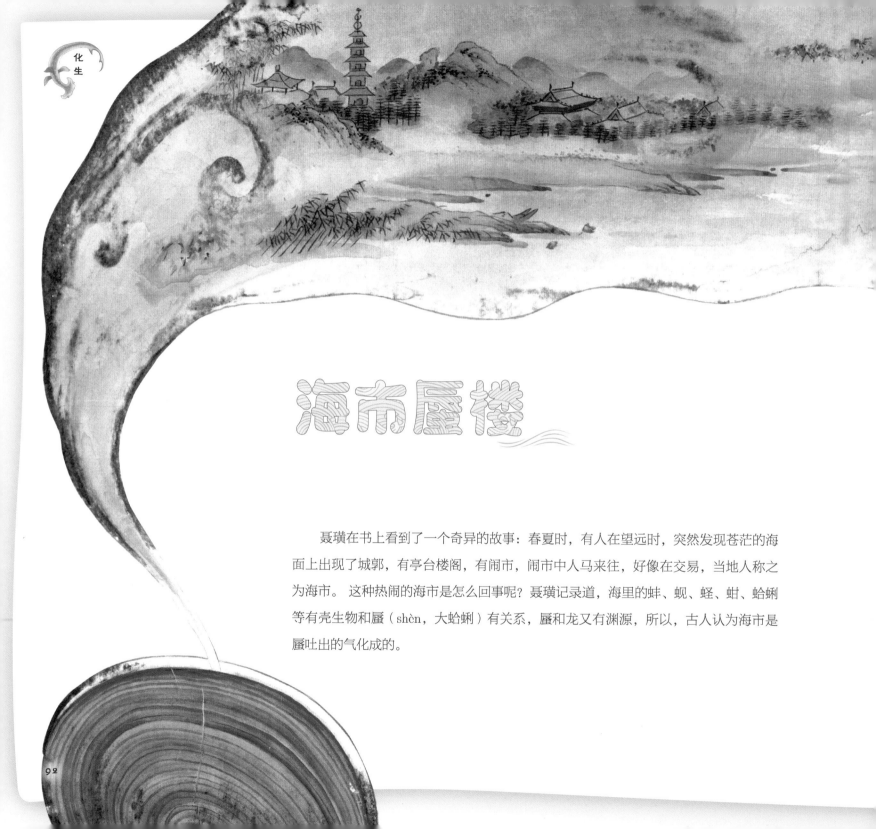

海市蜃楼

聂璜在书上看到了一个奇异的故事：春夏时，有人在望远时，突然发现苍茫的海面上出现了城郭，有亭台楼阁，有闹市，闹市中人马来往，好像在交易，当地人称之为海市。这种热闹的海市是怎么回事呢？聂璜记录道，海里的蚌、蚬、蛏、蚶、蛤蜊等有壳生物和蜃（shèn，大蛤蜊）有关系，蜃和龙又有渊源，所以，古人认为海市是蜃吐出的气化成的。

　　在古代，也有人认为海市与蜃无关。有人认为，海市出现的地方以前是陆地，春夏时，地气把水下的遗址蒸上来呈现在空中；还有人认为，海面水汽上升后，能像镜子一样映照出远方的景象。其实，海市蜃楼是一种大气光学现象。春夏时，海面冷，高空空气暖，上热下冷会使光发生折射，远方的景象就会呈现出虚像；而天气炎热时，地面很热，高空空气较冷，上冷下热会发生光的反射，远方的景物会呈现出倒像，也是虚像。海市蜃楼多见于多雨、多阳的春夏季节，出现的地点多为海边和沙漠地区。

《蜃说》

　　宋朝诗人林景熙写过一篇《蜃说》，是关于海市蜃楼的，大意是：有一年，林景熙迁到海滨去住。一天中午，仆人说出了怪事，大海里冒出了几座大山。他觉得惊诧，跑出去看，望见苍茫大海耸立着连绵、高峻的山峰，时隐时现。一会儿，海上忽然出现城市，几十万幢房屋如鱼鳞般整齐而密集，其中有佛寺、道观、山门、钟楼、鼓楼等，就连屋檐边的饰物都历历在目。又一会儿，蜃景起了变化，有人站立，有兽四散，有旌旗飘荡，有陶瓷等器具，千姿万态，变幻不定，直到黄昏时分才慢慢消失，大海依旧如常。

雀化鱼蛤

　　雀鸟可以变成鱼和蛤蜊吗？聂璜没有亲眼见过，但却听说过。住在海边的渔民告诉他，雀鸟飞到海滩上，能把身子埋进泥沙，变成大花蛤。雀鸟竟然能变成花蛤？聂璜十分疑惑，不太相信。但有人对他说，雀鸟死后，羽毛和骨头渐渐分散，剩下的血肉就变成了花蛤。花蛤的壳上斑斑驳驳，和雀鸟羽毛上的纹路差不多。"雀入水为大蛤"是二十四节气中寒露的一个物候。实际上，雀鸟并不能变成蛤，只是当深秋天气很冷时，雀鸟减少了活动，人们便很少看见了，此时水位也下降，蛤露出水面，古人就以为是雀鸟变成了花蛤。有的雀鸟死在滩涂上，蛤在旁边获取雀鸟体内的有机质，古人以为是雀鸟的血肉变成了蛤。

野鸡本来是山里的一种鸟，但聂璜觉得它也应该是海洋生物。原来，聂璜从书中看到，野鸡飞入大海变成了蜃。蜃是一种大蛤蜊，既然野鸡能变成蛤蜊，聂璜觉得野鸡应该和海鸥一样都是海鸟。"雉入大海为蜃"是二十四节气中立冬的一个物候。立冬后很少见到野鸡，而大蛤蜊的花纹和野鸡的相似，于是古人就以为大蛤蜊是野鸡变成的。

鹿鱼化鹿

海岛有鹿，鹿是怎么出现在岛上的呢？聂璜从书中得到一个答案：鹿是一种名叫鹿鱼的鱼变成的。聂璜半信半疑，于是询问住在海边的人。当地人告诉聂璜，从来没见过鱼变成鹿，但见过鹿群在海洋里游泳，鹿能从一个岛屿游向另一个岛屿，其中一只鹿会在头上顶着草，作为其他鹿的口粮。这种说法不大可信，可能是因为在遥远的更新世早期，地壳抬升，气候变冷，一些海洋变成了陆地，鹿群在陆地上生存，当海水再次上涨时，陆地变成了岛，鹿群就被困在岛上了。聂璜怀着强烈的好奇心，查阅了很多书籍，终于在一本书里发现，有一种鱼能化成鹿。这种鱼的头上长着像鹿角一样的东西，身体是红色的，尾巴和背上还有梅花鹿那样的斑点，每年春夏季节就会跳上小岛化成鹿。这种说法也不可信，可能是因为海洋里有很多奇形怪状的鱼，比如，圆犁头鳐的背上长着斑纹，很像鹿斑；角箱鲀的眼睛上有两根角，很像鹿角。古人可能在这些鱼身上看到了鹿的一些特征，便以为鹿是鱼化成的。

验明正身

鹿会游泳，但聂璜所说的鹿可能是哺乳纲、偶蹄目、鹿科的麋鹿，而不是他画的梅花鹿。麋鹿被称为四不像，喜欢生活在平坦的湿地，善于游泳。

潜牛

我才不是鱼呢，说来说去都不知道怎么写我的。

验明正身

现实中很难找到与潜牛对应的动物，它可能是已经灭绝的大海牛和长角野牛的结合体。

传说，在浩瀚的南海中，有一种巨型怪兽，名叫潜牛。潜牛长着牛的身体，鱼的尾巴，两只犄角，背上有翅膀。潜牛好斗，总是从海里跑出来，去西江找水牛打架。当地人非常害怕，在放牧时总是不忘说一句，最好别去江边给牛饮水，万一遇到潜牛就麻烦了。不过，潜牛如果离开海水时间过长，头上的犄角会变得软弱无力，需要返回海里，待犄角恢复战斗力之后，再次上岸搏斗。古书中记录的生物，很多都无法在现实中找到原型，一是因为古人在观察生物时，有时只看到了局部，然后依靠想象补全；二是因为一些生物确实存在过，但在某个时期已经灭绝了。

化
生

鱼虎

据说南海中有一种怪鱼，头像虎头，背上长着刺猬一样的刺，其他鱼都不敢靠近，被称为鱼虎。有人在福建海域捕到鱼虎，有六七寸长。鱼虎到陆地上能变成虎，但聂璜查遍古书，也没查到相关的记载。

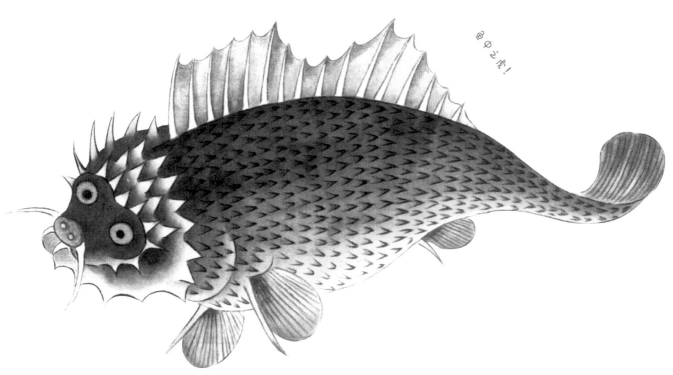

验明正身

鱼虎究竟为何物，今天仍没有答案，不过，海中的虎鲉（也叫虎鱼）与鱼虎长得很像，是刺毒鱼类。虎鲉几乎没有鳞片，头部和背部长有棘刺，能分泌毒素，剧毒可捕猎小动物，抵御天敌。

虎鲨

聂璜听人说，有一种海鲨也能变成老虎。传说春天的晚上，海鲨会来到海边的山林中，十天之后，就可以变幻成虎，但四肢刚长出来，还需要一个月才能完全化成。海洋中确实有叫虎鲨的真实生物，只是不能变成虎。虎鲨长着老虎一样的脑袋，乌龟一样的脚，身上还有黑纹，海里的鱼都怕它。

验明正身

　　虎鲨为软骨鱼纲、真鲨目、真鲨科生物。虎鲨永远在掉牙，但永远不会掉光。它们有四五层牙齿，当前排的牙齿掉落后，后一排的牙会前移补上。一只虎鲨一生中能长出上千颗牙齿。

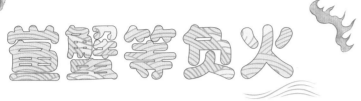

鲎蟹等负火

聂璜听说，在福建的海洋中，生活着一种很小的鱼虾，每夜都会发出火光，就像海中的萤火虫一样。在浩瀚的南海中，鲎等海洋生物夜里也会发光，在海滩上都看得见。到了夜晚，渔民在滩涂上顺着火光找去，还能抓到鲎或者螃蟹。聂璜把这种现象记下来，说明海中真的有火源，有的生物还能用火花喷射天敌。他还列举了其他能"负火"的生物，如螺、蚌、蚶、蛤等。

鳖负火

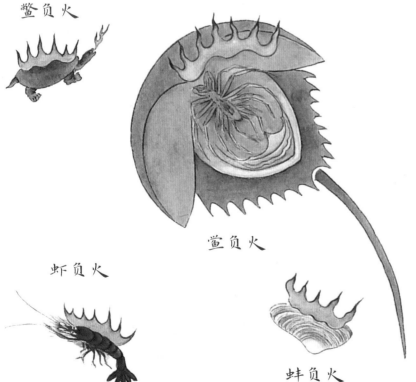

鲎负火

鱼负火

虾负火

蚌负火

龟负火

海面上的火光是怎么形成的呢？其实海水本身不会发光，会发光的是水里的夜光藻，当夜光藻受到惊扰时，能发出幽幽的蓝光和绿光，不过不会产生火焰。除了发光藻之外，海洋里还有其他能发光的生物吗？海洋里能发光的生物有很多，比如荧乌贼、鳐鱼和磷虾。水母不仅能发光，还有许多种颜色呢。但龟、鲨和螃蟹等生物并不会发光，只有当它们惊动了发光藻时，身体周围才发出荧光，渔民就顺着光抓到了它们。有的虾如果被发光细菌感染，虾的身体也会发光，不过被感染的虾不久会死去。有些海洋生物之所以会发出幽光，是为了吓唬天敌、引诱猎物，以及为了交流和求偶。海洋生物是怎么发光的呢？有的海洋生物受到刺激时，体内的荧光素会有很多能量，这些能量被以光的形式释放，于是就出现了光亮；有的海洋生物能用蛋白质来发光，水母就是靠蛋白质来发光的。

螺负火

鲎负火

蚶负火

蛤负火

蟹负火

神龙 盐龙

龙是虚构的动物，聂璜非常崇拜龙。龙的头像骆驼、角像鹿、眼睛像兔子、耳朵像牛，身上有鲤鱼一样的鳞片，爪子像老鹰，掌心却像老虎，齐聚了很多动物的特征。聂璜认为，龙如此神奇，变化多端，是一切生物的祖先。聂璜还在书上找到一种盐龙。这种龙的脑袋像蜥蜴，身体像龙。盐龙爱吃盐，用盐喂盐龙，盐龙的鳞片上能析出盐晶。

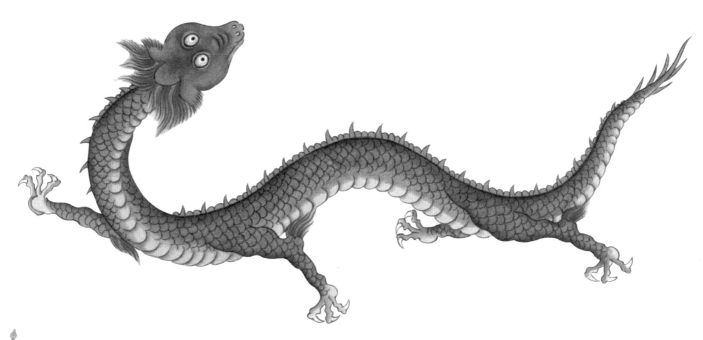

这是《海错图》中下图最擤眼②的"大明虾"③是哪吗?③就是我和我最左边的小伙伴。

水得而生，云得而从。

小大具体，幽明并通。

羽毛鳞介，皆祖于龙。

神化不测，万类之宗。

在为龙写赞时，聂璜不吝尊崇之情，别的物种他只写四句，而龙却享受到了八句的待遇。

龙鱼

　　相传，海边的渔民见过一种长得像龙的鱼。鱼头上有一根像角一样的刺，长着两只耳朵和长须，鳞片为绿色，背上有鳍翅，长着四只脚。有人曾经抓到过这种鱼，发现它能捕食苍蝇。

验明正身

　　龙鱼可能是世界上最长的硬骨鱼——皇带鱼，因身体细长（有的长3米），如带如蛇，也叫大海蛇。皇带鱼为硬骨鱼纲、月鱼目、皇带鱼科的鱼类，性情凶猛，总是头朝上、尾朝下漂在海底，等乌贼、螃蟹等游过时，便一口吸入。它们还会同类之间自相残杀。

虽然我善于搏斗抢镜头，但很孤独，总是独来独往……

螭虎鱼

　　螭虎鱼也长得很像龙，但没有犄角，身上有刺，能刺人；鳞片金黄，四只脚像是老虎爪子，尾巴尖细。据描述，螭虎鱼可能是鬣蜥。鬣蜥的外表有些丑陋凶恶，容易让人联想到恐龙或鳄鱼，其实，这些水陆两栖蜥蜴可能是世界上非常胆小、非常温驯的动物之一。如果你看到一只正在打盹的鬣蜥，那么它可能刚进过餐；如果你看一只鬣蜥正在晒日光浴，那么，它可能刚睡醒或刚吃饱。草、叶、花瓣、水果、海藻等都在它们的菜单上，偶尔会有些同伴吃油腻的荤食，但大多数都是温和的素食主义者。鬣蜥的后背一般是橄榄棕色或灰色或浅棕黑色，当环境发生变化，或光线的强弱发生变化时，它们能随之而改变体色，以便更好地隐藏自己，不被天敌发现。世界上最有名气的鬣蜥是厄瓜多尔加拉巴哥群岛的海鬣蜥和陆鬣蜥。

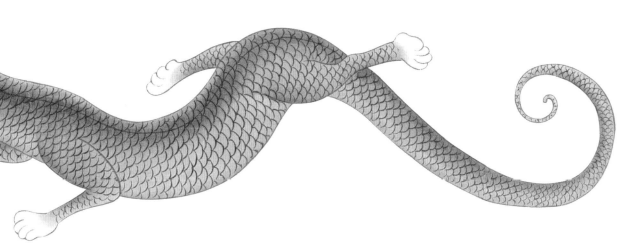

验明正身

　　螭虎鱼可能是小型爬行动物鬣（liè）蜥，属爬行纲、蜥蜴目、鬣蜥科，脑袋小，身体扁，背上有整齐的小鳞片，鳞片起棱，鳞尖都朝后上，看起来很"立体"。

蛟是一种传说中的神物，长得很像龙，身上有鳞片，脖子上有白色花纹，有四只脚，但头上没有龙那样的犄角。它要活到千年之后才能化为龙。它为什么叫蛟呢？是因为眼睛的上眉部位有肉突相交在一起，所以称为蛟。据说，蛟能在空中飞行，有水还能"兴云作雾"。不过，蛟的外形其实更像蛇。蛟虽然还不是龙，但也极有神通，攻击性还很强。有时候，如果岸边有人，或者水中有船，蛟就会喷出水柱，缠绕住人或船，等人落入水中，再将其吃掉。人们惧怕蛟，把它视为祸患。

瞧我这一身行头，够帅的吧？

在浙江宁波的入海口，有一个蛟门，位于山间，传说这里其实是一个蛟穴，只要有船只经过，船夫都要提前嘱咐船上的人，不要大声说笑，唯恐惊动潜伏在水中的蛟，引来灾难。传说蛟虽然会飞，但平时就栖息在溪水潭石之下，是池鱼之首。等到风雨大作时，蛟会出动，飞向大海，水中的鱼也会一起消失，跟随蛟到海中生活了。蛟是虚构的神物，有人认为，蛟可能是根据鳄鱼和鲨鱼想象出来的生物。

周处杀蛟

　　三国时，在吴国，今天的江苏宜兴一带，有一个叫周处的人。周处年少好武，霸道横行，乡里的人都把他视为祸患。有一天，周处看到乡亲们愁眉苦脸，便问有何不乐，乡亲们感叹，有三害未除，一是南山的白额猛虎，二是长桥下的蛟龙，三就是你了。周处听了，大受触动，于是进入深山射死了猛虎，又跳到水中与蛟龙搏斗，蛟龙沉沉浮浮，游了几十里，周处也与它搏斗了几十里，苦战三天三夜后，乡亲们以为他死了，都互相庆贺。周处杀死蛟龙回来后，见到此情此景，发誓改过自新，最终成为忠臣孝子。

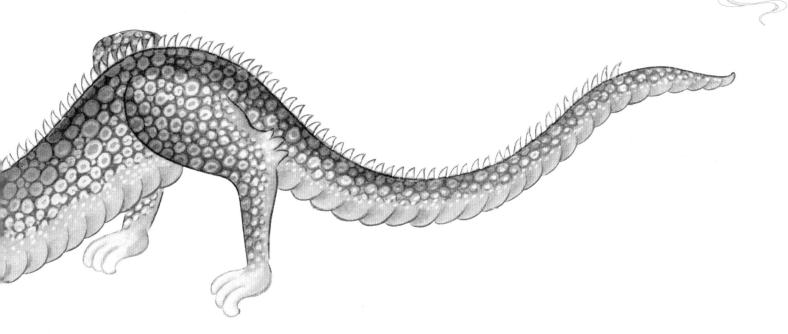

消失的聂璜

　　1698 年（康熙三十七年），聂璜画完《海错图》后，就没有关于他的信息了，他就这样默默地从历史中消失了。但《海错图》没有消失。聂璜画《海错图》时，目的不是呈给皇帝，而是因为中国没有一本专门的海洋生物的图谱书籍，因此，这套图谱中没有任何敬献之语，而一直在民间流传。

由于聂璜学识渊博，在书中旁征博引，引经据典，再加上他细致的观察，亲自实地勘察，最后写成了文字，还耐心地推敲、辨析，语言简洁、幽默，再搭配娴熟的画技、独特的画风，在当时就脱颖而出了。图谱每流传到一个人手中，都被小心地珍藏，这使它历经多年后依旧保存完好。

永恒的"海错"

1726 年（雍正四年），《海错图》流传到北京顺天府一个叫苏培盛的太监手中，就此改变了命运。根据皇宫档案记载，太监苏培盛把《海错图》带入了宫中，被收录在清宫造办处，这是少数来自民间后被皇宫收藏的画谱之一。此后，雍正皇帝多次翻看它。

乾隆皇帝即位第三年时，他注意到《海错图》，翻阅之下，非常喜欢，好奇心倍增。他数次下旨，要求把这套图谱重新修补、装裱，并存入重华宫，还在每册开篇都留下了玺印。此后的嘉庆皇帝、宣统皇帝等都翻阅过这部图谱。民国时，日本侵华，故宫文物南迁，颠沛流离中，图谱分了家，今天前三册留在北京故宫博物院，第四册藏于台北故宫博物院。

《海错图》中引经据典的解释说明，具有极高的物种参考价值，标本式的构图，具有较高的文化艺术价值。

111

图书在版编目（CIP）数据

呀！海错图 / 聂璜原著 ；文小通编著 . — 北京 ：
文化发展出版社 ，2023.9
（少年读典籍）
ISBN 978-7-5142-3943-0

Ⅰ . ①呀… Ⅱ . ①聂… ②文… Ⅲ . ①海洋生物－中
国－普及读物 Ⅳ . ① Q178.53-49

中国国家版本馆 CIP 数据核字（2023）第 048265 号

呀！海错图

原　　著：聂　璜	编　　著：文小通

出 版 人：宋　娜	责任编辑：肖润征　刘　洋
责任校对：岳智勇	责任印制：杨　骏
特约编辑：鲍志娇	封面设计：李果果

出版发行：文化发展出版社（北京市翠微路2号 邮编：100036）
网　　址：www.wenhuafazhan.com
经　　销：全国新华书店
印　　刷：河北朗祥印刷有限公司

开　　本：787mm×1092mm　1/16
字　　数：87千字
印　　张：7
版　　次：2023年9月第1版
印　　次：2023年9月第1次印刷

定　　价：68.00元
I S B N：978-7-5142-3943-0

◆　如有印装质量问题，请电话联系：010-68567015